21世纪中等职业教育教材系列
中等职业教育系列教材编委会审定

化学工艺

李雪真 编
胡秀军 主审

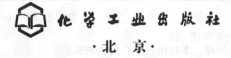

化学工业出版社
·北京·

本书共三个单元。第一单元化学工艺概论，对化工生产运行所需的理论知识进行了概述，突出与生产现场密切结合的理论分析及实际操作。第二单元氯碱生产技术，按照产品生产的前后工序，以任务逐渐深入的方式进行编写，每项任务都涵盖了化工生产所必须达到的有关知识和技能目标，任务的设计尽可能贴近生产实际，通过大量实际案例及丰富的图表，增进对生产过程的理解。第三单元丙烯酸甲酯生产技术，通过丙烯酸甲酯仿真装置运行，使学员们在掌握相关产品工艺原理、生产设备的工作过程及生产工艺流程组织的基础上，就化工生产过程中的参数控制、仪表使用、手动操作与自动操作的切换方法，以及生产装置开车、停车的具体操作步骤等内容进行了较为完整的实训模拟操作，为学生获得化工生产岗位技能奠定基础。

本书适用于中等职业学校化学工艺（或相关）专业的教学，也可供化工企业员工培训和化工操作人员学习使用。

图书在版编目（CIP）数据

化学工艺/李雪真编. —北京：化学工业出版社，
2014.8（2025.1重印）

21世纪中等职业教育教材系列

ISBN 978-7-122-20892-7

Ⅰ.①化… Ⅱ.①李… Ⅲ.①化工生产-工艺学
Ⅳ.①TQ06

中国版本图书馆 CIP 数据核字（2014）第 122028 号

责任编辑：旷英姿　窦　臻　　　　　　　　　　装帧设计：史利平
责任校对：陶燕华

出版发行：化学工业出版社（北京市东城区青年湖南街 13 号　邮政编码 100011）
印　　装：北京科印技术咨询服务有限公司数码印刷分部
787mm×1092mm　1/16　印张 9¼　字数 218 千字　2025 年 1 月北京第 1 版第 6 次印刷

购书咨询：010-64518888　　　　　　　　　　售后服务：010-64518899
网　　址：http://www.cip.com.cn
凡购买本书，如有缺损质量问题，本社销售中心负责调换。

定　　价：31.00 元　　　　　　　　　　　　　　　　　版权所有　违者必究

前　言

本教材是国家示范性中等职业学校建设规划教材。该书根据教育部国家示范性中等职业学校建设计划，沈阳市化工学校重点专业建设发展的需要，化学工艺专业人才培养方案的要求，按照化学工艺课程标准进行编写，适用于中等职业学校化学工艺（或相关）专业的教学，也可供化工企业员工培训和化工操作人员学习使用。

本教材设计与编写既反映了目前中等职业教育的特点和要求，同时结合了本地区化工产业特点。遵循学生的认知规律，服务于专业培养目标和课程教学要求，从所需知识和技能要求出发，在编写上设计为单元教学，任务驱动的形式，以氯碱、丙烯酸甲酯两个典型生产过程为主线，应用实训车间氯碱生产模拟流程、丙烯酸甲酯工艺仿真实训装置，共设计了三个单元：单元一为化学工艺概论。包括认识化工生产基础原料、认识化工生产工序、操作与控制化工生产、操作与维护化工设备、了解安全生产知识五个任务。单元二为氯碱生产技术。包括氯碱生产项目调研、掌握离子膜法生产氯碱工艺过程，了解盐水、离子膜、片碱工段生产技术五个任务。单元三为丙烯酸甲酯生产技术。包括丙烯酸甲酯生产项目调研、掌握丙烯酸与甲醇酯化生产丙烯酸甲酯工艺过程、了解丙烯酸甲酯车间布置、识读与描述丙烯酸甲酯生产现场工艺流程、丙烯酸甲酯工艺仿真实训五个任务。

本教材着眼于化工企业的生产实际，以应用操作技术为重点编写内容。书中按照产品生产的前后工序，以任务逐渐深入的方式进行编写，每项任务的设计都承载着化工生产所必须达到的有关知识和技能目标；通过大量实际案例及丰富的图表，也通过丙烯酸甲酯仿真装置运行，就化工生产过程中的参数控制、仪表使用、手动操作与自动操作的切换方法，以及生产装置开车、停车的具体操作步骤等内容进行了较为完整的实训模拟操作。编写力求以较小的篇幅对相关理论与基础知识进行概述，突出与生产现场密切结合的理论分析及实际操作，为学生获得化工生产岗位技能奠定基础。书中设置知识园地，可提高学生的学习兴趣。

在教学过程中，以化工产品生产过程的特点，设计教学活动，采用理实一体化教学方法，将知识学习和技能训练有机融合，按照能力训练递进的原则，学生能够变被动学习为主动学习，进而掌握主要岗位的化工总控、工艺运行、安全管理等知识与技能。

本教材由沈阳市化工学校李雪真编，胡秀军主审。

本地化工企业为教材编写提供了企业调研及大量相关素材；教材在编写过程中借鉴了国内相关资料，也得到了相关领导和同行们的大力支持和帮助，编者在此一并表示感谢。本书经过校教材编写委员会审核批准使用。

鉴于本教材编写方式是一种新的探索，受编写经验、水平所限，疏漏之处在所难免，欢迎同行批评指正。

编　者

2014 年 5 月

前言

编　者
2014年5月

目 录

单元一 化学工艺概论 … 1
任务一 认识化工生产基础原料 … 1
一、认识石油 … 1
二、认识煤 … 5
三、认识天然气 … 8
四、认识矿物质 … 10
知识园地一 我国化工资源概况 … 10
知识园地二 新能源简介 … 12
任务二 认识化工生产工序 … 13
一、了解化工生产过程 … 13
二、化工生产过程初步分析评价 … 16
任务三 操作与控制化工生产 … 20
一、化工生产过程的操作与控制 … 20
二、化工生产中开、停车的一般要求 … 21
任务四 操作与维护化工设备 … 24
一、基本技能要求 … 24
二、日常维护保养 … 24
三、日常巡检 … 24
四、异常情况的处理 … 25
五、完好设备的标准 … 25
六、设备润滑运转要求 … 26
任务五 了解安全生产知识 … 26
一、化工生产的危险性 … 26
二、化工劳动安全规章 … 27
三、燃烧和爆炸 … 28
四、安全教育 … 30
五、安全检查 … 30
六、安全生产技术应用 … 31

单元二 氯碱生产技术 … 34
任务一 氯碱生产项目调研 … 34
一、采集基本信息 … 34
知识园地一 认识烧碱 … 36
知识园地二 认识氯气 … 38
知识园地三 认识氢气 … 39
知识园地四 认识次氯酸钠 … 39
知识园地五 氯碱工业发展概况 … 40
二、确定氯碱生产路线 … 42
知识园地六 氯碱生产方法比较 … 42

任务二 掌握离子膜法生产氯碱工艺过程 … 43
一、采集基本信息 … 43
知识园地 认识原盐 … 43
二、确定离子膜法生产氯碱工艺过程 … 45
三、电解产品后加工 … 46
四、掌握离子膜生产氯碱总流程 … 50
五、氯碱安全生产技术 … 52
任务三 了解盐水工段生产技术 … 60
一、盐水工段工艺流程 … 60
二、了解盐水工段岗位职责 … 61
三、化盐精制岗位操作 … 61
四、异常现象及故障排除 … 63
五、盐水工段安全生产技术 … 64
任务四 了解离子膜工段生产技术 … 68
一、离子膜工段工艺流程 … 68
二、了解离子膜工段岗位职责 … 69
三、异常现象及故障排除 … 70
四、离子膜工段安全生产技术 … 72
任务五 了解片碱工段生产技术 … 74
一、片碱工段工艺流程 … 74
二、了解片碱工段岗位职责 … 75
三、异常现象及故障排除 … 76
四、片碱工段安全生产技术 … 78

单元三 丙烯酸甲酯生产技术 … 79
任务一 丙烯酸甲酯生产项目调研 … 79
一、采集基本信息 … 79
知识园地一 认识丙烯酸甲酯 … 80
知识园地二 丙烯酸及酯工业发展概况 … 82
二、确定丙烯酸甲酯生产路线 … 83
知识园地三 丙烯酸甲酯生产方法比较 … 84
任务二 掌握丙烯酸与甲醇酯化生产丙烯酸甲酯工艺过程 … 84
一、采集基本信息 … 84
知识园地一 认识丙烯酸 … 85
知识园地二 认识甲醇 … 87
二、确定丙烯酸与甲醇酯化生产丙烯酸甲酯工艺过程 … 89
三、分离提纯酯化粗产物 … 92

四、掌握酯化工艺总流程 …………… 94
　　五、丙烯酸甲酯工艺仿真实训安全规定 … 97
任务三　了解丙烯酸甲酯车间布置 ………… 100
　知识园地　丙烯酸甲酯车间布置原则——
　　　　　　装置安全 ……………………… 100
任务四　识读与描述丙烯酸甲酯生产
　　　　现场工艺流程 ……………………… 101
　　一、识读与描述酯化单元现场工艺流程 … 101
　　二、识读与描述分离回收单元现场

　　　工艺流程 …………………………… 104
　　三、识读与描述酯精制提纯单元现场
　　　工艺流程 …………………………… 117
任务五　丙烯酸甲酯工艺仿真实训 ………… 126
　　一、丙烯酸甲酯生产开车操作 …………… 126
　　二、丙烯酸甲酯生产停车操作 …………… 130
　　三、紧急事故处理 ……………………… 131
　　四、操作界面 …………………………… 134

参考文献 ………………………………………… 140

单元一 化学工艺概论

单元描述

作为化工岗位操作工，你应认识化工生产的物质基础——化工基础原料，并熟悉化工生产工序，掌握化工生产与控制方法，具备操作与维护化工设备的技能，更需要具备安全生产的技能。

单元学习目标

1. 了解化工原料及产品，能初步对化工生产原料进行路线选择；
2. 理解化工生产工序，能对化工生产过程进行初步分析与评价；
3. 掌握化工生产与控制方法，能按照工艺要求进行岗位操作；
4. 理解主要化工设备结构、工作原理，能操作与维护化工设备；
5. 理解安全生产知识，掌握化工安全生产技能；
6. 能运用生产技术资料、专业工具书、期刊和网络资源等；
7. 能对收集资料进行合理的分类和归纳。

任务一 认识化工生产基础原料

任务描述

通过资料查找，了解化工基础原料石油、煤、天然气及矿物质和它们的化工利用。

化工原料是化学工业的物质基础。水、空气、煤、石油、天然气、矿物质以及生物质等天然资源及其加工产物是化学工业的基础原料。这些基础原料经过初步化学或物理加工成的产品，称为基本化工原料。再由这些基本化工原料出发，经过一系列的化学和物理加工，可以生产制造出各种各样的化学产品。

我们的日常生活、国民经济各个部门都离不开石油，如今，80％以上的化工产品由石油、天然气为原料生产，而塑料、合成橡胶、合成纤维这三大合成材料100％依赖于石油生产。

一、认识石油

> 要求：通过认识石油，掌握石油的组成、分类，加工方法及主要用途；能利用各种资源查找所需信息；培养安全生产和生态化工意识。

（一）石油组成及分类

1. 石油用途

石油产品可作为飞机、军舰、轮船、汽车、内燃机、拖拉机、火箭的动力燃料，机械设备的润滑剂等。此外，用石油还可制造塑料、尼龙、涤纶、腈纶、维尼纶、丙纶、酒精、合成橡胶、涂料、化肥、洗衣粉等五千多种化工产品。石油在生活中的用途如图1-1所示。

2. 石油分布

世界石油资源主要分布在中东、中美洲（墨西哥、委内瑞拉）、俄罗斯、非洲等地区，见图1-2。波斯湾沿岸的沙特阿拉伯、伊朗、科威特、伊拉克和阿拉伯联合酋长国，是世界最大的石油产地和输出地区。世界上储量最多的油田是沙特阿拉伯的加瓦尔油田，探明储量107.4亿吨，年产量高达2.8亿吨，占整个波斯湾地区的30%，为世界第一大油田。

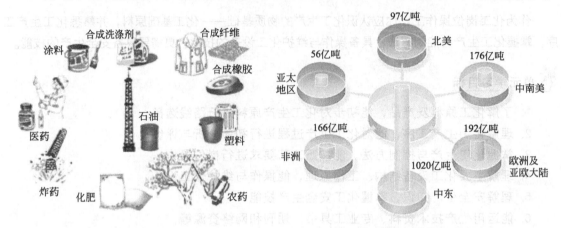

图1-1　石油在日常生活中的用途　　图1-2　世界石油探明储量分布图

我国石油资源集中分布在渤海湾、松辽、塔里木、鄂尔多斯、准噶尔、珠江口、柴达木和东海大陆架，其可采资源量172亿吨，占全国81.13%。我国主要生产性油田有大庆、辽河、华北、大港、吉林、新疆、长庆、玉门、青海、四川、延长、冀东、塔里木、吐哈、胜利、中原、河南、汉江、江苏、滇黔桂等。

当前中国石油总消费量超过一半来自于海外。据国家发展和改革委员会统计的数据，2009年中国原油生产量约为1.8949亿吨，不到中国国内需求的一半。中国对进口石油的依存度已达总消费量52%的水平，超过全球公认的能源安全的50%警戒线。

3. 石油及其组成

石油是产于岩石中以烃类化合物为主的油状黏稠液体，未经提炼的天然石油称为原油，色泽从黄褐色至棕黑色，具有特殊气味，是基本有机化学工业的主要原料资源。

石油密度为0.8~1.0g/cm³，凝固点大约在-50~35℃之间，沸点在30~600℃之间，并随碳数增加而升高，如含5个碳的戊烷沸点36℃，含12个碳的十二烷沸点216℃。

石油的组成很复杂，主要是碳、氢元素组成的各种烃类的混合物，还有少量含氮、硫和氧的有机化合物以及微量的无机盐和水。各种元素的质量分数为：碳83%~87%，氢11%~14%，硫、氮、氧1%。

4. 石油分类

石油中所含烃类有烷烃、环烷烃和芳香烃，没有烯烃和炔烃。根据其含烃类的主要成分不同，把石油分为三大类：烷基石油（石蜡基石油）、环烷基石油（沥青基石油）和中间基石油。我国所产石油多属烷基石油，如大庆原油就是一种低硫、低胶质、高烷烃类石油。

（二）石油加工

石油加工主要分为一次加工和二次加工。一次加工主要是石油的脱盐、脱水等预处理和常压、减压蒸馏等物理过程;二次加工主要为化学及物理过程,如催化裂化、催化重整、加氢裂化及分离精制等。石油加工的各馏分及其沸点范围和主要用途见表1-1。

表1-1 石油加工的各馏分及其沸点范围和主要用途

馏 分		沸点范围/℃	成 分	用 途
石油	粗汽油 石油气	40℃以下	$C_1 \sim C_4$	燃料、化工原料
	石油醚	40~60℃	$C_5 \sim C_6$	溶剂
	汽油	60~220℃	$C_7 \sim C_9$	内燃机燃料
	煤 油	200~300℃	$C_9 \sim C_{16}$	点灯、燃料、溶剂
	重油 柴油	300~360℃	$C_{16} \sim C_{18}$	柴油机燃料
	润滑油	360℃以上	$C_{16} \sim C_{20}$	机械润滑油
	凡士林	360℃以上	$C_{18} \sim C_{22}$	防锈涂料、制药
	石蜡	360℃以上	$C_{20} \sim C_{24}$	制皂、制蜡、脂肪酸
	沥青	360℃以上	残余物	防腐绝缘、建筑及铺路材料

我国现将石油产品分为燃料、润滑剂、石油沥青、石油蜡、石油焦、溶剂和化工原料六大类。我国的石油燃料约占石油产品的80%。润滑剂品种达到百种以上,但产量仅占石油产品总量的2%左右。溶剂和化工原料约占石油产品总量的10%左右。石油沥青、石油蜡和石油焦约占石油产品总量的5%~6%。

1. 常减压蒸馏

石油常减压蒸馏是利用原油中各组分的沸点不同,以物理方法进行分离的工艺操作。常减压精馏工艺是先在常压条件下进行蒸馏操作,而后根据物质的沸点随外界压力降低而下降的规律,再在减压条件下进行蒸馏操作。

原油常减压蒸馏基本流程包括原油初馏、常压蒸馏和减压蒸馏三部分,见图1-3。常压蒸馏是在常压和300~400℃条件下进行,从常压塔的侧线可分别采出汽油、煤油、柴油等。常压蒸馏原料是以经过脱盐、脱水处理后的原油为原料。减压蒸馏是以常压渣油为原料,将常压渣油加热至380~400℃,进行减压蒸馏,可获得减压柴油、减压馏分油、减压渣油等。

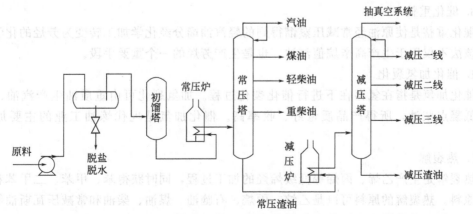

图1-3 原油常减压蒸馏基本流程

2. 催化裂化

催化裂化属于化学加工过程，其目的除提高汽油的质量和产量，还可获得柴油、锅炉燃油、液化气等。

催化裂化以常减压蒸馏的重质油（如直馏柴油、重柴油、减压柴油或润滑油，甚至渣油）为原料，在催化剂作用下使碳原子数在18个以上的大分子烃类裂化生成较小的烃分子，反应过程很复杂。

石油通过常压、减压蒸馏和裂化得到的产品及它们的用途，见图1-4。

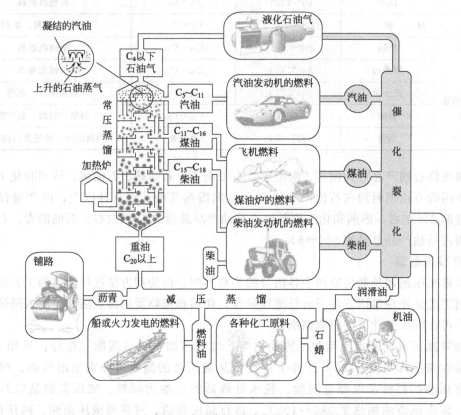

图1-4　石油常压、减压蒸馏和裂化的产品及用途示意图

3. 催化重整

催化重整是使原油经常减压蒸馏得到的轻汽油馏分经化学加工转变为芳烃的化学加工过程。该法不仅用于生产高辛烷值汽油，也是生产芳烃的一个重要手段。

4. 催化加氢裂化

催化加氢是指在氢存在下进行催化裂化过程。加氢裂化可由重质油生产汽油、航空煤油、低凝点柴油，所得产品质量好、收率高。催化加氢是现代炼油工业的主要加工方法之一。

5. 热裂解

热裂解是生产乙烯、丙烯等低级烯烃的加工过程，同时获得苯、甲苯、二甲苯和乙苯等化工原料。热裂解的原料可以是乙烷、丙烷、石脑油、煤油、柴油和常减压瓦斯油等。

石油加工获取基本有机化工产品的主要途径，见图1-5。

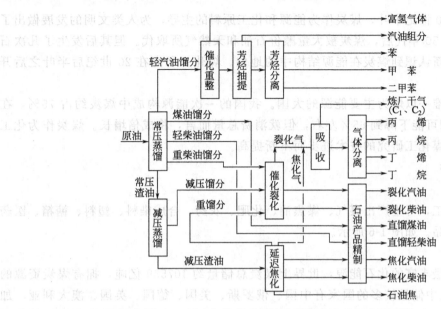

图 1-5 石油加工获取基本有机化工产品的主要途径

思考与练习

1. 了解了石油加工主要方法后，请填写下面各表。

常减压蒸馏过程

项 目	目 的	原 料	原 理	主要馏分
常压塔				
减压塔				

催化裂化过程

项 目	目 的	原 料	裂化产品
催化裂化			

催化重整过程

项 目	目 的	原 料	重整产品
催化重整			

2. 分组讨论，你们日常生活接触到的油品有哪些？它们的来源？总结石油加工能得到哪些石油产品。

3. 讨论：石油化工与乙烯化工的关系。

4. 什么是催化剂？催化剂与有机化工的关系？石油二次加工催化剂应用举例。

二、认识煤

> **要求**：通过认识煤，掌握煤的组成、结构、加工方法及主要用途；能利用各种资源查找所需信息；培养安全生产和生态化工意识。

从 19 世纪到 20 世纪中叶，煤炭作为能源和化工原料的主导，为人类文明的发展做出了巨大贡献。20 世纪 50 年代后，煤炭被大量廉价石油和天然气所取代。但其后发生了几次石油危机，使人们重新认识到煤炭在能源结构中的地位。煤化工研究在 20 世纪后半叶之后开始走向复兴。

中国是世界上唯一以煤为主要能源的大国。我国的一次能源构成中煤炭约占 75%，在今后 20 年这一比例可能下降到 65% 左右，但就消费总量而言，将成倍增长。煤炭作为化工原料的地位将随着煤化工研究的技术进步而不断提高。

（一）煤组成及分类

1. 煤的用途

煤经过化学加工，可生产出煤气、煤焦油、化肥、农药、合成染料、塑料、糖精、医药品和合成橡胶等产品。如图 1-6 所示。

2. 煤分布

煤炭是世界上最丰富的化石能源，世界上煤炭总储量约 107539 亿吨，拥有煤炭资源的国家大约 70 个，其中储量较多的国家有中国、俄罗斯、美国、德国、英国、澳大利亚、加拿大、印度、波兰和南非地区。它们的储量总和占世界 88%。世界已探明的煤炭储量是石油的 6.3 倍。

图 1-6 煤炭的用途

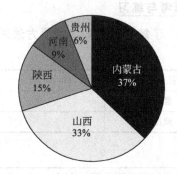
图 1-7 2011 年中国煤炭产量前五的省份

我国煤炭资源也很丰富，地质储量约为 45000 亿吨以上，与美国、俄罗斯两国不相上下。山西省煤炭储量 2000 多亿吨，居全国第一，内蒙古居第二位，为 1900 多亿吨。煤炭储量超过 200 亿吨的省、自治区有陕西、贵州、宁夏、安徽等，见图 1-7。

3. 煤及其组成

煤是可以燃烧的含有机质的岩石。它的化学组成主要是碳、氢、氧、氮等几种元素，见表 1-2。此外，还可能含有硫、磷、砷、氯、汞、氟等有害成分以及锗、镓、铀、钒等有用元素，煤是由上述元素组成的复杂的高分子固体混合物。

表 1-2 各种煤的主要元素组成

煤的种类		泥煤（泥炭）/%	褐煤/%	烟煤/%	无烟煤/%
元素分析	C	60～70	70～80	80～90	90～98
	H	5～6	5～6	4～5	1～3
	O	25～35	15～25	5～15	1～3

4. 煤分类

煤的种类很多。按煤的含碳量分为泥炭、褐煤、烟煤和无烟煤四大类。一般民用的是无烟煤。

(二) 煤加工

煤直接燃烧的热效率和资源利用率很低，环境污染严重。将煤加工转化为清洁能源、提取和利用其中所含化工原料，提高煤的利用率。煤的加工过程主要有煤的焦化、气化、液化和电石生产。这也是从煤获取化工原料的主要方法。

1. 炼焦

煤的焦化过程见图1-8。

将煤隔绝空气加热，随着温度的升高，煤中有机物分解，其中挥发物成气态逸出，残留的不挥发物就是焦炭和半焦。煤的这种加工过程叫作煤的干馏。煤的高温干馏简称焦化。煤焦油是煤化工主要原料，主要成分见图1-9。

图1-8 煤的焦化过程　　　　　图1-9 煤焦油主要成分

2. 煤的气化

煤的气化是煤、焦炭或半焦和气化剂在900～1300℃的高温下转化成煤气的过程。气化剂是水蒸气、空气或氧气。

煤气是清洁燃料，热值很高，使用方便，作为民用燃料时应注意使用安全，煤气含有的CO有毒、H_2易爆。煤气是重要的化工原料，煤气化生产的H_2、CO是合成氨、合成甲醇等C_1化学品的基本原料。

3. 煤的液化

煤的液化是在催化剂作用下，在高温、高压条件下，煤与氢进行反应生成液体产品——人造石油，可进一步加工成各种液体燃料。

4. 电石生产

将煤的炼焦产物焦炭与生石灰加入电炉内，在炉内电极弧光形成的2000～2200℃的高温下熔融可得到电石。电石是生产乙炔的重要原料，主要成分是碳化钙。

思考与练习

1. 煤焦油和焦炉气的主要成分是什么？
2. 讨论：煤化工与乙炔化工的关系。
3. 了解了煤加工主要方法后，请填写下表。

煤的化工利用

项　目	基本有机化工原料举例	用　途
煤的干馏		
煤的气化		

三、认识天然气

> **要求**：通过认识天然气，掌握天然气的组成、结构、加工方法及主要用途；能利用各种资源查找所需信息；培养安全生产和生态化工意识。

天然气是化学工业的重要原料资源，也是一种高热值、低污染的清洁能源。

燃气及燃气设备的安全使用注意见图 1-10。

图 1-10　燃气及设备的安全使用注意

（一）天然气组成及分类

1. 天然气用途

如图 1-11 所示，天然气可用作城市燃气、工业燃料、化工原料及发电。

2. 天然气分布

据 BP 公司 2009 年 6 月中旬发布的世界能源统计，2008 年世界天然气储量约为 185.02 万亿立方米。俄罗斯和伊朗两国占世界总储量的一半以上。

中国天然气资源主要分布在鄂尔多斯、塔里木、四川、东海大陆架、柴达木、松辽、莺歌海、琼东南和渤海湾九大盆地。

图 1-11　中国天然气消费结构

2000 年我国在内蒙古伊克昭盟发现首个世界级大气田：苏里格大气田，天然气探明地质储量达到 6025.27 亿立方米，相当于一个储量 6 亿吨的特大油田，是我国当时规模最大的天然气田，也是我国第一个世界级储量的大气田。

2007 年 5 月底，四川盆地天然气富集区达州市发现特大天然气田，天然气资源量达 3.8 万亿立方米，探明可采储量达 6000 亿立方米以上，其中宣汉普光气田已探明可开采储量 3560 亿立方米，是迄今为止国内规模最大的特大型海相整装气田，加快普光气田开发和川气东送天然气管道工程建设，对于缓解中国天然气供求矛盾、完善天然气管道布局，都具有十分重要的意义。

3. 天然气及其组成

天然气是以甲烷（CH_4）为主要成分的可燃气体，易燃易爆，无色无味，比空气轻，是一种清洁无毒的优质气体燃料。

天然气同时含有 $C_2 \sim C_4$ 的各种烷烃以及少量的硫化氢、二氧化碳等气体。因含有 H_2S 杂质而有臭味，人们可以凭嗅觉来发现它的存在，天然气爆炸（空气中）极限 5%～16%（体积分数%），密度 $0.6 \sim 0.8 g/cm^3$，化学性质稳定，高温时才能发生分解。

4. 天然气分类

依天然气中甲烷和其他烷烃含量不同，天然气分为干气和湿气。干天然气甲烷含量约为 80%～90%多由开采气田得到，较难液化的；湿天然气常在开采石油的同时得到，有时也称为油田气或石油伴生气，除甲烷（60%～70%）外，还含有较多的乙烷、丙烷、丁烷和戊烷等成分，而丙烷、丁烷受压后容易变成液态。

(二) 天然气加工

天然气除直接用作燃料外，也是基本有机化工的重要起始原料。将 C_2 以上的饱和烃进一步加工，可得到乙烯、丙烯、丁烯、丁二烯、乙炔等不饱和烃，苯、甲苯、二甲苯等芳香烃，以及合成气和某些烷烃，生产合成氨、甲醇等。图 1-12 为天然气在化工方面的应用。

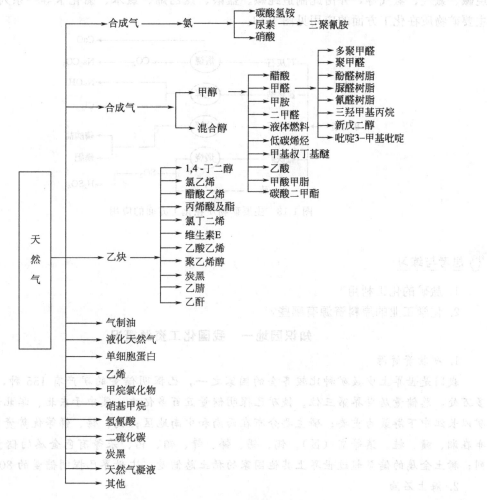

图 1-12 天然气在化工方面的应用

思考与练习

什么是合成气？请叙述它的来源及用途。

四、认识矿物质

(一) 矿物质种类

我国矿产资源丰富，已探明储量的化学矿产有20多种，如硫铁矿、自然硫、磷矿、钾长石、明矾石、蛇纹石、石灰岩、硼矿、天然碱、石膏、镁盐、沸石岩、重晶石、碘、溴、砷、硅藻土、天青石等。

作为无机产品起始原料的化工矿物质在化学工业中处于十分重要的地位。无机化工主要产品"三酸两碱"是由食盐、黄铁矿、煤、石灰石等化工矿物质加工制成；氮肥、磷肥、钾肥是由煤、磷矿石、钾盐、硝石等加工制成。

(二) 矿物质加工

盐矿资源的化工利用

盐矿资源主要有盐岩、海盐、湖盐等。盐矿化工利用的主要途径是电解食盐水溶液生产烧碱、氯气、氢气等，并由此制造纯碱、盐酸、氯乙烯、氯苯、氯化苄等一系列化工产品。主要矿物质在化工方面的应用见图1-13。

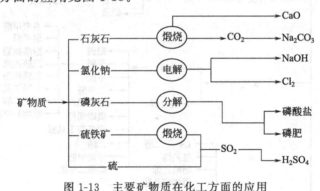

图1-13 主要矿物质在化工方面的应用

思考与练习

1. 盐矿的化工利用？
2. 化学工业的原料资源有哪些？

知识园地一　我国化工资源概况

1. 矿物资源

我国是世界上少数矿种比较齐全的国家之一，已探明储量的矿产有155种，矿产地20多万处，总储量居世界第三位。铁矿已探明储量五百多亿吨，集中于东北、华北和西南；铜矿以长江中下游最为重要；磷主要分布在西南和中南地区；钨、锡、锑等优势资源则主要分布在湘、赣、桂、滇等省（区）。钨、锡、锑、锌、钼、铅、汞等有色金属的储量居世界前列；稀土金属的储量超过世界上其他国家的稀土总储量，占世界已探明储量的80%。

2. 海上石油

我国已发现含油气盆地246个，投入开发130多个。随着中国经济的快速发展，能源需求激增，但目前我国石油储量不足、产量增长缓慢。能源短缺已在很大程度上成为阻碍我国经济发展的重要因素，解决我国油气资源接替基地成为当前极为迫切的问题。我国东海、南海海洋石油资源极为丰富，但被周边国家大肆掠夺，开发海洋石油刻不容缓。

世界海洋石油资源量占全球石油资源总量的34%，全球海洋石油蕴藏量约1000多亿吨，其中已探明的储量约为380亿吨。目前全球已有100多个国家在进行海上石油勘探，其中对深海进行勘探的有50多个国家。

中国海域油气田主要分布在渤海湾盆地、东海盆地、珠江口盆地、琼东南盆地、莺歌海盆地、北部湾盆地，经综合评价计算，目前我国海域共有油气资源量351亿～404亿吨石油当量，足以保证今后10年海洋油气产量以20%的速度递增。

我国东海大陆架蕴藏着极为丰富的油气、稀有矿产及水产资源，据1966年联合国亚洲及远东经济委员会勘察认为该海域海底石油储量可能超过100亿吨，有可能成为第二个中东。近来，中日钓鱼岛之争越演越烈，钓鱼岛位于我国东海大陆架上，自古以来就是我国领土，它丰富的海底资源让邻国日本分外眼红，一直企图根据"中间线"原则分一杯羹。

我国东海油气勘探取得了很好的业绩，近年来，勘探人员先后在中国东海大陆架上发现了平湖、春晓、残雪、断桥、天外天等7个油气田和一批含油气构造。

南海海域更是石油宝库，经初步估计，整个南海的石油地质储量大致为230亿～300亿吨，约占中国总资源量的1/3，属于世界四大海洋油气聚集中心之一，与波斯湾、墨西哥湾、北海齐名为世界四大海洋油气区，有"第二个波斯湾"之称。现在南沙海域发现含油气构造200多个和油气田180个，2005年年产石油4500万吨，是中国当年整个近海石油产量的2.5倍，相当于大庆油田一年的产油量。

随着美国重返亚太战略的实施，南海纷争加剧。越南、菲律宾、马来西亚、新加坡等周边国家在南沙盗采油气资源早已成泛滥之势。自20世纪60年代发现石油以后，各家前往开采石油油井之和已超过1000口，每年开采的石油超过5000万吨，而中国在南海刚刚竖起1座井架，中国石油企业任重道远。

3. 天然气

天然气是一种清洁能源，也是重要的战略资源。从资源禀赋的角度看，我国堪称天然气大国；但从开采条件看，我国尚不能称为天然气"强国"。加快发展天然气工业，实现能源消费结构优化，对促进社会经济又好又快发展具有重要意义。

在常规天然气勘探开发得以快速发展的同时，非常规天然气也引起人们前所未有的关注，近几年一种新型洁净资源，非常规天然气——可燃冰被发现。

可燃冰里的甲烷占80%～99.9%，可直接点燃，燃烧后几乎不产生任何残渣，污染比煤、石油、天然气都要小得多；它是20年来在石油、煤等能源面临枯竭的现实下，人类在海洋和冻土带发现的新型洁净资源，可以作为传统化石能源如石油、煤的代替品。

2007年，我国地质人员在南海北部成功钻获天然气水合物（又称可燃冰）实物样品，经初步预测，该领域天然气水合物远景资源量可达上百亿吨油当量，不但为我国未来提供了有力的替代能源资源保障，而且还可能影响到未来世界能源利用格局。

4. 煤炭

我国煤炭资源丰富，煤炭已探明储量达万亿吨，约我国化石能源的95%、储量的90%，居世界第三位。主要分布在山西、辽宁、黑龙江、内蒙古等北方地区。煤种类从褐煤到无烟煤均有分布，其中低变质烟煤占33%，其次为中变质烟煤、贫煤、无烟煤和褐煤。

鉴于煤仍为我国主体能源的重要物质基础，未来必须做到合理开发和科学利用煤炭资源，大力发展洁净煤技术，走可持续发展的煤炭工业之路。

知识园地二　新能源简介

近年来，不少国家的能源战略都有一个明显的政策导向——鼓励开发新能源。2007年世界各国对清洁能源领域的投资总额比2006年增长60%，超过1480亿美元，预计2020年将超过6000亿美元。

可以替代油气资源的能源很多，主要有风能、太阳能、潮汐能、地热能等可再生能源以及核电等二次能源。到2025年，化石燃料将占能源总量的80%，生物质能、风能、太阳能、其他可再生能源和核能将占20%。

清洁能源共同特点是资源丰富、可以再生、没有污染或很少污染。

(1) 太阳能　太阳能是太阳内部连续不断的核聚变反应过程产生的能量，是一种取之不尽、用之不竭的可再生绿色能源，是地球上最根本的能源。每秒钟照射到地球上的能量相当于500万吨煤燃烧放出的热量。其主要利用形式有太阳能的光热转换、光电转换以及光化学转换。如用于热力发电、供暖、干燥、海水淡化、制冷等生产生活目的；用于太阳能电池等。

(2) 风能　地球上的风是由太阳辐射热引起的一种自然现象。到达地球的太阳能中虽然只有大约2%转化为风能，但其总量仍十分可观，比地球上可开发利用的水能总量还大10倍。风力发电已成为人们当今利用风能最常见的形式。

(3) 生物质能　生物质能来源于生物质，它既能储存太阳能，更是一种唯一可再生的碳源，而且是一种无害的能源，它也可转化成常规的固态、液态和气态燃料；地球上的生物质能资源较为丰富，地球每年经光合作用产生的物质有1730亿吨，其中蕴含的能量相当于全世界能源消耗总量的10~20倍，但目前全世界的利用率不到3%。

(4) 地热能　地热能是来自地球深处的可再生热能，它的利用可分为地热发电和直接利用两大类。地热资源进行较大规模的开发利用始于20世纪中叶，我国地热资源丰富，分布广泛，已有5500处地热点，地热田45个。

(5) 海洋能　大海蕴藏着各种可再生能源，包括潮汐能、波浪能、海流能、海水温差能、海水盐度差能等巨大的能量。这些能源都具有可再生性和不污染环境等优点，是一项亟待开发利用的具有战略意义的新能源。

(6) 氢能　氢能出奇地洁净，燃烧时排放出的基本上是新鲜的水蒸气，可作为飞机、汽车及火箭的燃料，是未来最理想的能源。

(7) 小水电　随着输电网的发展及输送能力的不断提高，水力发电逐渐向大型化方向发展，并从这种大规模的发展中获益。

(8) 天然气水合物　天然气水合物是在一定条件下，由水和天然气组成的类冰的、非化学计量的、笼形结晶化合物，遇火即可燃烧。

中国现在是世界第二大能源消费国，在不久的将来会成为世界第一大能源消费国。国内石油、煤炭、电力资源供应日趋紧张的形势下，开发利用绿色环保的可再生能源和其他新能源，已经成为缓解制约中国能源发展瓶颈的当务之急。到2020年，中国在新能源领域的投资将达8000亿元左右，可再生能源在能源结构中的比例达到16%左右。加快发展包括可再生能源在内的新能源，并深化节能减排，是时代赋予我们大责任和发展机遇。

任务二 认识化工生产工序

任务描述

作为化工岗位操作工,你应理解化工生产工序,能对化工生产过程进行初步分析评价,为掌握化工生产过程打下基础。

一、了解化工生产过程

(一) 化工生产过程

化工生产就是将若干个单元反应过程和若干个化工单元操作,按照一定的规律组成生产系统。通过化工生产过程可将原料转变成人们所需要的各种各样的新物质。在化工生产过程中,原料转化成产品需通过各种设备,经过一系列化学和物理的加工程序,最终才能转化为合格的产品。

化学工序(单元反应)。由单元反应组合的相关过程为化学工序。例如,磺化、硝化、氯化、酰化、烷基化、氧化、还原、裂解、缩合和水解等。

物理工序(单元操作)。由单元操作组合而成的相关过程称为物理工序。例如,流体的输送、传热、蒸馏、干燥、结晶、萃取、吸收、过滤等加工过程。

(二) 化工生产过程的组成

化工生产过程的表现形式是由若干单元操作和单元反应串联组成的一套流程,通过三个基本过程,将化工原料转化为化工产品;化工生产过程一般都包括原料预处理、化学反应过程、产品的分离与提纯、"三废"处理及综合利用等环节,为了保证化工生产的正常运行,还需要动力供给、机械维修、仪器仪表、分析检验、安全和环境保护、管理等保障和辅助系统。

化工生产包括三个基本过程

原料预处理→化工加工→产物后处理

(三) 典型化工产品生产过程分析

1. 了解丙烯酸甲酯生产过程

如图 1-14 所示,原料丙烯酸与甲醇在催化剂作用下经酯化反应生成丙烯酸甲酯,分析丙烯酸甲酯包括哪些基本生产工序。

丙烯酸甲酯的生产过程包括:原料丙烯酸、甲醇预处理——→酯化反应——→粗酯的分离与提纯。

(1) 原料预处理 原料丙烯酸、甲醇预处理。生产原料的准备过程包括原料输送、储存和净化。丙烯酸容易聚合,具有腐蚀性,甲醇沸点低,所以对这两种原料的输送、储存有特殊要求。酯化反应对原料的含水量及杂质的处理必须达到酯化工艺要求,才能投入酯化反应。

(2) 酯化反应 在催化剂的作用下,丙烯酸和甲醇混合物,预热到 75℃进入酯化反应器进行反应,生成丙烯酸甲酯粗产物。由于酯化反应是一个可逆反应,且丙烯酸过量,所以,离开反应器的产物中除了目的产物丙烯酸甲酯外,还有没有反应的原料丙烯酸和甲醇、反应生成的水和副产物,得到的这些酯化初产物称为粗酯,粗酯需要进一步地分离精制,以回收原料和提纯产品。

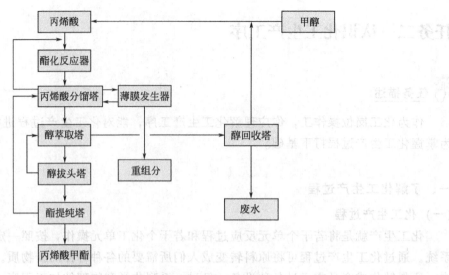

图 1-14 丙烯酸甲酯生产流程示意图

(3) 丙烯酸的分离回收　粗酯送至丙烯酸分馏塔和薄膜蒸发器，分离回收的丙烯酸送回反应器继续与甲醇进行反应，同时通过薄膜蒸发器分离酯化反应过程中生成的高沸点物质。

(4) 甲醇的分离回收　将回收了丙烯酸的物料送至醇萃取塔，用水将甲醇萃取出来，再通过精馏将甲醇从甲醇水溶液中分离出来，甲醇送回反应器与丙烯酸进一步反应，水则作为萃取剂循环使用。

(5) 丙烯酸甲酯分离　萃取过程不能将甲醇完全除去，还需醇拔头塔精馏将甲醇进一步除去。得到的少量醇，送回醇萃取塔，塔釜得到含有微量的丙烯酸、高沸物、金属离子及机械杂质的丙烯酸甲酯混合物。

(6) 丙烯酸甲酯提纯精制　从醇拔头塔塔釜得到的丙烯酸甲酯，通过最后的酯提纯塔精制过程以得到合乎质量要求的丙烯酸甲酯产品。

通过分析观察丙烯酸甲酯的生产过程，可以发现，一般化工产品的生产包括以下 5 个基本生产工序，见表 1-3。

表 1-3　化工生产过程组成

生产工序	目　的	主要生产过程	举　例
原料工序	将原料进行预处理，使其达到化学反应所需要工艺要求	各种原辅料的储存、净化、干燥、加压和配制等操作	如丙烯酸甲酯生产工艺过程 (1) 原料丙烯酸、甲醇预处理工序
反应工序	将原料转化为产品，是化工生产过程的核心	反应的加热与冷却，催化剂的处理与使用等	如丙烯酸甲酯生产工艺过程 (2) 酯化反应工序
分离工序	将目的产物从反应体系中分离出来	对有些产品，经过分离工序即能达到最终产品的要求，但多数产品还需要进行进一步处理，使其满足成品质量的规格要求，如纯度、色泽、形状、杂质等	如丙烯酸甲酯生产工艺过程 (5) 丙烯酸甲酯分离
精制工序	将分离工序制得的目的产品进行精制加工		如丙烯酸甲酯生产工艺过程 (6) 丙烯酸甲酯提纯精制

生产工序	目的	主要生产过程	举例
回收工序	将没有反应的原料进行分离回收,循环利用并回收反应过程中生成的副产物	对没反应的主辅原料、溶剂、添加剂、反应副产物等分离提纯	如丙烯酸甲酯生产工艺过程(3)丙烯酸分离回收和(4)甲醇分离回收

丙烯酸甲酯生产工序总结如下。
(1) 原料工序(原料预处理)　原料丙烯酸、甲醇预处理。
(2) 反应工序(化工加工)　酯化反应,过量的丙烯酸与甲醇反应得到粗酯。
(3) 分离回收工序(产物后处理)　没反应丙烯酸及甲醇回收、丙烯酸甲酯分离提纯。
(4) 辅助工序　"三废"处理等。

2. 了解氯碱生产过程

食盐水电解生产氯气、氢气、氢氧化钠。

氯碱生产过程包括:原料工业盐的预处理──→离子膜电解反应──→电解产品的分离与提纯。

(1) 盐场工序　原盐通过火车运到盐场,由盐场龙门吊抓斗送入集盐场,然后用皮带运输机将原盐连续不断地送入化盐桶内。
(2) 盐水工序　精制饱和粗盐水,除盐水中大量钙、镁及硫酸根离子。
(3) 离子膜工序　盐水二次精制,除盐水中少量钙、镁及硫酸根离子;精制后盐水去电解,有氯气、氢气及氢氧化钠的生成。
(4) 片碱工序　离子膜流出碱通过蒸发、浓缩生产45.0%离子膜液碱和98.5%离子膜片碱。

氯碱生产工序总结如下。
(1) 原料工序(原料预处理)　盐场工序、盐水工序,主要负责原盐的运输、储存及提供初次精制的饱和盐水。
(2) 反应工序(化工加工)　离子膜工序。盐水二次精制之后去离子膜电解得到氯碱。
(3) 分离回收工序(产物后处理)　片碱工序。电解液蒸发浓缩得成品碱液或固碱以及氯、氢加工。
(4) 辅助工序("三废"处理等)　水气工序、修槽工序等。

(四) 工艺流程图

化工生产过程还可以用图解的形式来表示,即工艺流程图。

1. 工艺流程

原料经过各种设备和管路,通过化学和物理的方法,最终转变成产品的全部过程称为工艺流程。

工艺流程呈现了整个生产过程中物料在各个工序及各个设备之间的流动过程及变化情况。

2. 工艺流程图

工艺流程图是指以形象的图形、符号、代号、文字说明等表示出化工生产装置物料的流向、物料的变化以及工艺控制的全过程。

工艺流程图有三种形式:工艺流程示意图、物料流程图(PFD图)及带控制点的工艺流程图（PID图）。

3. 带控制点的工艺流程图

带控制点的工艺流程图（见图1-15）提供了如下信息：

表示全部工艺设备及其纵向关系，物料和管路及其流向，冷却水、加热蒸汽、真空、压缩空气和冷冻盐水等辅助管路及其流向，阀门与管件，计量-控制仪表及其测量-控制点和控制方案，地面及厂房各层标高。

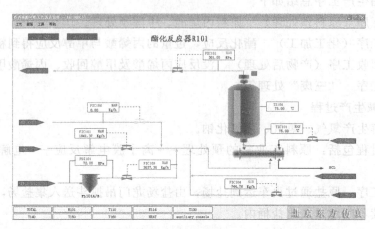

图1-15 丙烯酸甲酯酯化工序带控制点的工艺流程图

二、化工生产过程初步分析评价

化工过程能否实现工业化的一个重要条件是经济上是否合理，也即生产过程在经济上能否过关。经营工厂的费用称为生产成本，常以每单位质量产品的成本来表示，生产成本主要包括原材料费（包括运费）、动力费、工资、设备折旧费、维修费等。各种费用在成本中所占的比例，因生产规模、生产方式、技术水平、管理水平而异。

对于大多数化工过程来说，原料价格是生产成本中重要的部分，因此，最希望工艺过程能使用便宜的原料，并能有效地将原料转化为产品。产品的销售收入减去全部的生产成本称为毛利润，国家根据毛利润征收所得税，毛利润减去所得税即为利润。

附表

表1-4 工艺流程图常用设备的代号及图例；表1-5 工艺流程图的管道及附件图例；表1-6 工艺流程图的管道物料代号。

表1-4 工艺流程图常用设备的代号及图例

序号	设备类别	代号	图例
1	塔	T	填料塔 筛板塔 浮阀塔 泡罩塔 喷淋塔

续表

序号	设备类别	代号	图例
2	反应器	R	固定床反应器　管式反应器　反应釜
3	容器（槽、罐）	V	卧式槽　立式槽 锥顶罐　浮顶罐 除沫分离器　旋风分离器　湿式气柜　球罐
4	换热器 冷却器 蒸发器	E	固定管板式　U形管式 浮头式　釜式　平板式 换热器　冷却器 空气冷凝器　蒸发器
5	泵	P	离心泵　液下泵　旋转泵/齿轮泵　水环式真空泵/纳氏泵 螺杆泵　活塞泵/比例泵　柱塞泵　喷射泵

续表

序号	设备类别	代号	图例
6	鼓风机 压缩机	C	鼓风机　离心压缩机　旋转式压缩机（卧式）（立式） 四级往复式压缩机　单级往复式压缩机
7	工业炉	F	箱式炉　圆筒炉　此二图例仅供参考，炉子形式改变时，应按具体炉型画出
8	烟囱 火炬	S	烟囱　火炬
9	超重运输机	L	桥式　单轨　斗式 刮板输送机　皮带输送机 悬臂式　旋转式　手推车
10	其他机械	M	板框式压滤机　回转过滤机　离心机

表 1-5 工艺流程图的管道及附件图例

序号	名称	符号	序号	名称	符号
1	软管 翘管 可拆卸短管 同心异径管 偏心异径管 多孔管		13	疏水器	
			14	来自或去界外	
			15	闸阀	
			16	截止阀	
			17	针孔阀	
			18	球阀	
2	管道过滤器		19	碟阀	
3	毕托管 文氏管 混合管		20	减压阀	
4	转子流量计		21	旋塞（直通、三通、四通）	
5	插板 锐孔板		22	安全阀（弹簧式与重锤式）	
6	盲法兰 管子平板封头		23	Y形阀	
7	活接头 软管活接头 转动活接头 吹扫接头 挠性接头		24	隔膜阀	
			25	止回阀 高压止回阀 旋起式止回阀	
			26	柱塞阀	
8	放空管		27	活塞阀	
9	分析取样接口 漏斗		28	浮球阀	
			29	杠杆转动节流阀	
10	消声器 阻火器 爆破膜		30	底阀	
			31	取样阀与实验室用龙头阀	
11	视盅		32	喷射器	
12	伸缩器		33	防雨帽	

表 1-6 工艺流程图的管道物料代号

物料名称	代号	物料名称	代号	物料名称	代号
工业用水	S	冷冻盐水	YS	输送用氮气	D_2
回水	S′	冷冻盐水回水	YS′	真空	ZK
循环上水	XS	脱盐水	TS	放空	F
循环回水	XS′	凝结水	N	煤气、燃料气	M
生活用水	SS	排出污水	PS	有机载热体	RM
消防用水	FS	酸性下水	CS	油	Y
热水	RS	碱性下水	JS	燃料油	RY
热水回水	RS′	蒸汽	Z	润滑油	LY
低温水	DS	空气	K	密封油	HY
低温回水	DS′	氮气或惰性气体	D_1	化学软水	HS

任务三 操作与控制化工生产

任务描述

作为化工岗位操作工,你应理解化工生产中常见工艺参数及控制方法,能够进行主要控制点的监测和对工艺参数进行分析与控制;你还应熟悉化工生产开、停车的要求,并能够按要求进行开、停车操作。

一、化工生产过程的操作与控制

一个合格化工产品的生产是通过对化工生产装置的工艺过程参数控制和质量指标控制及相关管理来实现的,其中最为重要的是反应工艺过程的控制。化工生产过程中的工艺参数主要是指温度、压力、流量、物料配比等。按工艺要求严格控制工艺参数在安全限度以内,是实现化工安全生产的基本保证。

(一) 化工生产工艺参数

如图 1-15,有温度 T、压力 P、流量 F、等仪表检测控制点,这些参数的检测与控制对酯化工序稳定安全操作极为重要。

1. 温度

温度是化工生产过程中主要控制参数之一。适宜的反应温度是安全生产所必需的,温度过高,反应易失去控制,产生飞温现象,物料可能分解着火造成爆炸;反应温度过低,满足不了生产条件,一旦温度升至正常,由于过多物料的积累,发生剧烈反应,反应热来不及移走,能引起爆炸事故。温度过低,还会使某些物料冻结,造成管路堵塞甚至破裂,使易燃易爆物料泄漏而发生火灾爆炸事故。如图 1-15,R101 反应温度控制为 75℃。

为严格控制温度,要及时处理反应热、有搅拌的要防止搅拌中断以及安全使用热载体等。

2. 压力

压力是化工生产过程中主要的控制参数之一。正确控制压力,防止设备管道接口泄漏。若物料冲出或吸入空气,容易引起火灾爆炸。在生产过程中,要根据设备、管道耐压情况,严密注意压力变化。如图 1-15,R101 塔顶压力控制为 301.00kPa。

3. 流量

流量是设备或装置生产负荷的参数,是判断生产状况和衡量生产设备或装置运行效率的重要指标。流量不稳定,达不到工艺规定,会导致生产的不稳定,直接影响到产品的质量和产量,甚至引起安全事故。如图 1-15,R101 新鲜丙烯酸进料量控制为 1841.37kg/h。

又如化工反应设备或储罐投料过多,流量过大,往往会引起溢料或超压;投料过少,流量过小,也可能发生事故,如检测温度计接触不到料面,温度出现错误判断,或者出现物料的气相部分和加热面接触,造成易于分解的物料局部过热分解,引起爆炸。

4. 液位

液位也是重要的工艺参数和操作参数,反映的是设备内物料的多少和物料在设备内水平位置的高低。通常由玻璃液位计、磁性液位计指示或通过传感器在控制室的仪表或电脑上显示。

(二) 化工生产的操作控制

1. 主要控制点和控制范围

温度、压力、压差、流量、液面等,是一个产品生产工艺过程中主要控制的工艺参数。要明确这些工艺参数的控制范围,明确一次仪表在现场的工艺位置,二次仪表在仪表盘上的位置,了解所用测量仪表的型号、精度;熟悉测量指示、测量记录、自动控制、控制阀的位置、仪表自控、自调装置的位置及操作。

如图 1-15,找出 R101 的主要控制点和控制范围。

2. 操作控制方案

化工岗位操作工,根据生产工艺操作规程规定的控制点及控制范围来操作控制生产。首先检测、观察、记录仪表所显示的工艺参数,之后把观察到的工艺参数值与工艺操作规程所规定的范围进行对比,并进行判断是否需要改变操作条件,根据对比判断结果,进行实际操作,如通过加热或冷却、开大或开小阀门、提高或降低液位等来实现对工艺过程的控制。

如图 1-15,说说 R101 的进料温度及塔顶温度是如何控制的。

3. 巡视与观测

巡视与观测是化工生产控制过程中必不可少的环节。通过巡视与观测,能及时发现诸如跑、冒、滴、漏、阀门堵塞、仪表失灵及人为操作错误等安全生产隐患。为预防质量事故及安全事故的发生,在严格操作控制条件的同时,必须严格执行巡回检查和观测的制度,以便及时发现问题,这在产品工艺操作规程中已明确给予规定。既要明确规定巡回检查的间隔时间,又要规定巡回检查的路线和观测点,巡视与观测是对工艺过程控制系统是否正确运行的校验和验证。

4. 监测

监测内容包括工艺参数和取样分析测试,化工生产操作控制中监测也是发挥工艺过程控制中的校验功能。操作控制、巡回检查和监测的情况,要详细地做好原始记录。原始操作记录是技术管理、技术革新与改革的重要依据,也是查清质量问题与安全事故的依据。

二、化工生产中开、停车的一般要求

在化工生产中,开、停车的生产操作是衡量操作工人水平的一个重要标准。随着化工先进生产技术的迅速发展,机械化、自动化水平的不断提高,对开、停车的技术要求也越来越高。开、停车进行得好坏,准备工作和处理情况如何,对生产的进行都有直接影响。开、停车是生产中最重要的环节。

化工生产中的开、停车包括基建完工后的第一次开车，正常生产中的开、停车，特殊情况（事故）下突然停车，大修、中修之后的开车等。

(一) 基建完工后的第一次开车

基建完工后的第一次开车，一般按4个阶段进行：开车前的准备工作、单机试车、联动试车和化工试车。

1. 开车前的准备工作

开车前的准备工作大致如下：

① 施工工程安装完毕后的验收工作；
② 开车所需原料、辅助原料、公用工程（水、电、气等）以及生产所需物资的准备工作；
③ 技术文件、设备图纸及使用说明书和各专业的施工图，岗位操作法和试车文件的准备；
④ 车间组织的健全，人员配备及考核工作；
⑤ 核对配管、机械设备、仪表电气、安全设施及盲板和过滤网的最终检查工作。

2. 单机试车

此项目的是为了确认转动和传动设备是否合格好用，是否符合有关技术规范，如空气压缩机、制冷用氨压缩机、离心式水泵和搅拌设备等。

单机试车是在不带物料和无载荷情况下进行的。首先要断开联轴器，单独开动电动机，运转48h，观察电动机是否发热、振动，有无杂音，转动方向是否正确等。当电动机试验合格后，再和设备连接在一起进行试验，一般也运转48h（此项试验应以设备使用说明书或设计要求为依据）。在运转过程中，经过细心观察和仪表检测，均达到设计要求时（如温度、压力、转速等）即为合格。如在试车中发现问题，应会同施工单位有关人员及时检修，修好后重新试车，直到合格为止，试车时间不准累计。

3. 联动试车

联动试车是用水、空气或与生产物料相类似的其他介质，代替生产物料所进行的一种模拟生产状态的试车。目的是为了检验生产装置连续通过物料的性能（当不能用水试车时，可改用介质，如煤油等代替）。联动试车时也可以给水进行加热或降温，观察仪表是否能准确地指示出通过的流量、温度和压力等数据，以及设备的运转是否正常等情况。

联动试车能暴露出设计和安装中的一些问题，这些问题解决以后，再进行联动试车，直至认为流程畅通为止。联动试车后要把水或煤油放空，并清洗干净。

4. 化工试车

当以上各项工作都完成后，则进入化工试车阶段。化工试车是按照已制定的试车方案，在统一指挥下，按化工生产工序的前后顺序进行，化工试车因生产类型的不同而各异。

综上所述，化工生产装置的开车是一个非常复杂也很重要的生产环节。开车的步骤并非一样，要根据具体地区、部门的技术力量和经验，制定切实可行的开车方案。正常生产检修后的开车和化工试车相似。

(二) 停车及停车后的处理

在化工生产中停车的方法与停车前的状态有关，不同的状态，停车的方法及停车后处理方法也就不同。一般有以下三种方式。

1. 正常停车

生产进行到一段时间后，设备需要检查或检修进行的有计划的停车，称为正常停车。这种停车，是逐步减少物料的加入，直至完全停止加入，待所有物料反应完毕后，开始处理设备内剩余的物料，处理完毕后，停止供汽、供水，降温降压，最后停止转动设备的运转，使生产完全停止。

停车后，对某些需要进行检修的设备，要用盲板切断该设备上物料管线，以避免可燃气体、液体物料泄漏而造成事故。检修设备动火或进入设备内检查，要把其中的物料彻底清洗干净，并经过安全分析合格后方可进行。

2. 局部紧急停车

生产过程中，在一些想象不到的特殊情况下的停车，为局部紧急停车。如某设备损坏、某部分电气设备的电源发生故障、某一个或多个仪表失灵等，都会造成生产装置的局部紧急停车。

当这种情况发生时，应立即通知前步工序采取紧急处理措施。把物料暂时储存或向事故排放部分（如火炬、放空等）排放，并停止入料，转入停车待生产的状态（绝对不允许再向局部停车部分输送物料，以免造成重大事故）。同时，立即通知下步工序，停止生产或处于待开车状态。此时，应积极抢修，排除故障。待停车原因消除后，应按化工开车的程序恢复生产。

3. 全面紧急停车

当生产过程中突然发生停电、停水、停汽或发生重大事故时，则要全面紧急停车。这种停车事前是不知道的，操作人员要尽力保护好设备，防止事故的发生和扩大。对有危险的设备，如高压设备应进行手动操作，以排出物料；对有凝固危险的物料要进行人工搅拌（如聚合釜的搅拌器可以人工推动，并使本岗位的阀门处于正常停车状态）。

对于自动化程度较高的生产装置，在车间内备有紧急停车按钮，并和关键阀门锁在一起。当发生紧急停车时，操作人员一定要以最快的速度去按这个按钮。为了防止全面紧急停车的发生，一般的化工厂均有备用电源。当第一电源断电时，第二电源应立即供电。

从上述可知，化工生产中的开、停车是一个很复杂的操作过程，且随生产的品种不同而有所差异，这部分内容必须载入生产车间的岗位操作规程中。

思考与练习

如图 1-16 是丙烯酸甲酯生产过程中酯化反应工序的进料温度控制回路简图，试述温度自动控制过程，工艺要求丙烯酸和甲醇的混合物通过预热器后，进反应器温度为 75℃。

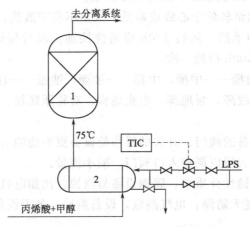

图 1-16　酯化反应进料温度控制回路
1—酯化反应器；2—预热器

任务四　操作与维护化工设备

机械设备的平稳高效运行，是化工厂能够安全生产一个重要条件。设备维护的好坏关系到设备使用效率和寿命，高水平的设备维护可以降低设备的故障率，减少维修费用，防止设备安全事故。设备维护是岗位操作工人的一项重要工作职责。

任务描述

作为岗位操作工，你应了解设备日常维护保养、巡检的主要内容，了解设备异常情况及其处理办法，知道完好设备的标准，做到"四懂、三会"，并具备相关设备操作与维护的技能。

一、基本技能要求

合格的设备操作人员要做到"四懂、三会"
设备维护是岗位操作工人的一项重要工作职责。
(1) 四懂　懂性能，懂原理，懂构造，懂用途。
(2) 三会　会操作、会维修保养、会排除小的故障。
以离心泵的操作与维护为例，离心泵的结构：泵壳、叶轮、轴、泵后盖、密封（两种）、轴承、轴承架、联轴器（对轮）、电机、泵座、防护罩。

二、日常维护保养

设备维护保养工作的主要内容：清洁、润滑、紧固、调整、防腐。
结合离心泵的特点做好维护保养
(1) 清洁　保持设备及周围环境的清洁。达到沟见低，轴见光，设备见本色。
(2) 润滑　最重要的一项设备保养工作。要做到"五定"、"三级过滤"。
① 五定
a. 定人负责　每台设备都要有专人负责。
b. 定润滑点　泵是向轴承架内注油。
c. 定质选油　常用 N46 机械油，避免用液压油。
d. 定量给油　注油到泵轴的中心线或略低。太多不利于散热，太少不利于润滑。
e. 定时换油　更换轴承后，运行 100h 应清洗换油。以后每运行 1000~1500h 换油一次。润滑脂运行 2000~2400h 换油一次。
② 三级过滤　从大油桶——中桶，中桶——油壶，油壶——注油点。
(3) 紧固　排除微小故障，泵地脚、电机地脚、对轮罩螺栓、法兰螺栓、填料密封的压兰螺栓。
(4) 调整　通过对设备的阀门、开关的操作使设备更平稳的运行。例如，开关密封水阀调整密封水的压力。电流大可以调整入口阀门，减小流量。
(5) 防腐　化工厂腐蚀性介质多，碳钢设备易腐蚀。比如电机、泵基座要除锈刷油，连接螺栓涂抹油脂防腐。（夏天防潮：电气漏电，设备腐蚀；冬天设备防冻）

三、日常巡检

日常巡检所要检查的内容（以离心泵、空压机为例）包括以下内容。
① 检查润滑部位的润滑油量、油质情况。优质油品应该是澄清的、均匀的。

② 检查轴承温度（泵和电机）不高于环境温度 35℃，最高温度不高于 75℃。
③ 检查对轮罩等安全防护装置是否稳固。
④ 检查有无异常声响或振动。
⑤ 检查泵的压力、电流是否平稳、正常。
⑥ 检查密封、油封、法兰等密封点是否有泄漏。
 a. 填料密封　初期不多于 20 滴/分　末期不多于 40 滴/分
 b. 机械密封　初期无泄漏　　　　末期不多于 5 滴/分
⑦ 检查地脚螺栓等紧固件是否松动。
⑧ 检查设备及周围环境是否清洁，注意防腐蚀、防潮、防冻。
⑨ 备用设备要定期进行盘车和切换，使设备处于良好状态。
注意事项包括以下内容。
① 压缩机运转状况应符合技术规范要求。
② 冷却水流量均匀，不得有间断性的排出及冒气泡等现象，冷却水进水不允许超过 35℃，冷却水中断应立即停车。
③ 倾听机器运转的响声，不得有不正常的音响存在，如碰撞声。
④ 当活塞杆上有润滑油并已串入填料及气缸内时应立即停车检查并消除。
⑤ 检查电机运转情况。
⑥ 发现压缩机各连接处有松动漏气、漏水漏油时应立即停车处理。
⑦ 分离器、储气罐每班放水不少于两次。
⑧ 检查机体内油面高度应在规定的范围内（油面应浸过粗滤器）。
⑨ 压缩机有异常高温，应停车，某排气压力突然变动很大，持久不复原应立即停车检查。

四、异常情况的处理

操作人员发现设备有不正常情况，应检查原因，及时报告。在紧急情况下，应立即停车，并上报值班长及通知有关岗位，不弄清原因，不排除故障，不得盲目开车，未处理的问题作好记录，并向下一班交代清楚。

需要紧急停车的情况如下：
① 泵内发出异常声响；
② 泵突然发生剧烈振动；
③ 电机电流超出额定值持续不降；
④ 泵突然不上料。

五、完好设备的标准

① 各零、部件完好齐全。
② 安全防护装置，安全稳固。
③ 压力表、电流表等仪表齐全灵敏，定期校验。
④ 运转正常，无异常震动杂音等现象。
⑤ 压力，流量平稳，各部运转正常，电流稳定。
⑥ 油路畅通润滑良好，油质清洁无泄漏。
⑦ 管口，法兰及各密封面无泄漏。
⑧ 设备清洁，表面无灰尘、油垢。基础表面和周围无积水、废液、油污等。

六、设备润滑运转要求

设备润滑情况应符合下列条件，方允许运转：
① 润滑系统或润滑附件应完整齐全，好用不漏油。
② 润滑系统及附件、油孔等应清洁畅通。
③ 设备润滑系统中的油压、油温、油面和油量都应符合规定指标。
④ 设备运转中不应有因润滑不良而产生的噪声。
⑤ 润滑油的加油量，应不缺，也不过量，而且均匀。

换油标准：更换轴承后，运行100h应清洗换油。以后每运行1000~1500h换油一次。润滑脂运行2000~2400h换油一次。

轴封处泄漏标准：填料密封，初期不多于20滴/分，末期不多于40滴/分；机械密封，初期无泄漏，末期不多于5滴/分。

任务五　了解安全生产知识

任务描述

了解化工生产的危险性，了解安全教育、安全检查在化工安全生产管理中的重要性，熟悉化工劳动安全卫生规章制度，具有安全生产意识和判断风险的初步能力，会分析事故发生的主要原因。

一、化工生产的危险性

化工生产要特别强调安全生产的重要性，是由化工生产的特点所决定的，因为化工生产本身客观地存在着许多潜在的不安全因素（见图1-17）。

图1-17　化工生产不安全因素

1. 易燃、易爆和有毒、有腐蚀性的物质多

化工生产使用的原料、生产中的中间体和产品种类繁多，它们绝大多数是易燃、易爆、有毒和腐蚀性强的危险化学品。在生产、使用、储运中管理不当，就会发生火灾、爆炸、中毒和烧伤事故，给安全生产带来重大损失。

2. 高温、高压设备多

化工生产一般都在高温、高压、高速、真空的或低温等复杂的工艺条件下操作，高温、高压设备多。这些设备能量集中如果在设计制造中，不按规范进行，质量不合格，或在操作中失误，就将发生灾害性事故。

3. 工艺复杂，操作要求严格

化工生产工艺流程复杂，技术复杂，工艺参数多且参数检测与控制要求严格，任何人不得擅自改动。生产中要严格遵守操作规程，操作时要注意巡回检查，认真记录，纠正偏差，严格交接班,注意上下工序联系,及时消除隐患,否则,将会导致不幸事故的发生。

4. "三废"多,污染严重

化学工业在生产中产生的废气、废渣、废液多,是国民经济中污染的大户。

5. 事故多,损失重大

化工行业每年发生几百起重大事故,绝大多数是因为违章指挥和违章作业造成的。在员工队伍中开展技术学习,进行安全教育、专业技能教育是很重要的工作。

二、化工劳动安全规章

在化工生产中,生产的每位参与者都要把安全工作摆在第一位,特别是生产与安全工作发生矛盾时。坚决杜绝冒险作业,克服侥幸心理,宁愿停产不冒险。在生产中要严格遵守各类安全标准与规章制度,这是企业安全生产的重要保证。

化工企业安全生产禁令(简称《四十一条禁令》)(见图 1-18)。

图 1-18 化工企业安全生产禁令

图说安全:安全生产十大禁令(见图 1-19)

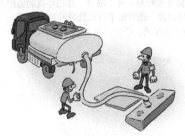

(a) 严禁危险化学品装卸人员擅离岗位,违者给予行政处分并离岗培训;造成后果的,予以开除并解除劳动合同。

(b) 严禁钻井、测录井、井下作业违反井控安全操作规程,违者给予行政处分并离岗培训;造成后果的,予以开除并解除劳动合同。

(c) 严禁在禁烟区域内吸烟、在岗饮酒,违者予以开除并解除劳动合同。

(d) 严禁高处作业不系安全带,违者予以开除并解除劳动合同。

(e) 严禁水上作业不按规定穿戴救生衣，违者予以开除并解除劳动合同。

(f) 严禁无操作证从事电气、起重、电气焊作业，违者予以开除并解除劳动合同。

(g) 严禁未经审批擅自决定钻开高含硫化氢油气层或进行试气作业，违者对直接负责人予以开除并解除劳动合同。

(h) 严禁工作中无证或酒后驾驶机动车，违者予以开除并解除劳动合同。

(i) 严禁违反操作规程进行用火、进入受限空间、临时用电作业，违者给予行政处分并离岗培训；造成后果的，予以开除并解除劳动合同。

(j) 严禁负责放射源、火工器材、井控坐岗的监护人员擅离岗位，违者给予行政处分并离岗培训；造成后果的，予以开除并解除劳动合同。

图 1-19　安全生产十大禁令

三、燃烧和爆炸

一些燃烧与爆炸安全标识如图 1-20 所示。

当心火灾——易燃物质　　禁止放易燃物　　当心爆炸——爆炸性物质　　当心火灾——氧化物

禁止烟火　　　　禁止带火种　　　禁止燃放鞭炮　　　禁止吸烟

图 1-20　燃烧与爆炸安全标识

（一）燃烧

燃烧主要指可燃物质与助燃物发生的一种放出光和热的化学反应。

1. 燃烧的条件

（1）可燃性物质　如甲烷、氢气、木材、纸张、液化石油气等。

（2）助燃性物质　如空气、氧气、氯酸钾等。

（3）火源　如明火撞击、摩擦电、高温表面、自燃发热、绝热压缩、电火花和射线等。

上述三个条件同时存在也不一定会发生燃烧，只有当三个条件同时存在，且都具有一定的"量"，并彼此相互作用时，才会发生燃烧。

2. 燃烧类型

根据燃烧的起因不同，燃烧可分为闪燃、自燃和着火三种类型。

（1）闪燃与闪点

① 闪燃　各种可燃液体的表面空间，由于温度的影响，都有一定量的蒸气存在，这些液面蒸气与空气混合后成为可燃性气体混合物，遇明火后产生瞬间火苗或闪光，这种燃烧现象称为闪燃。

② 闪点　引起闪燃的最低温度，称为该液体的闪点。闪点越低的液体，火灾危险性越大。

可燃液体温度高于闪点，随时都有被火点燃危险。

（2）自燃与自燃点

① 自燃　气体、液体和固体可燃物与空气共存，当达到一定温度时，没有外界火源直接接触即自行燃烧，这种燃烧现象称为自燃。

② 自燃点　自燃的最低温度称为自燃点。物质的自燃点越低，其火灾危险性越大。

（3）着火和着火点

① 着火　足够的可燃物在有足够的助燃物存在下，遇明火引起的持续燃烧现象称为着火。

② 着火点　可燃物发生持续燃烧的最低温度称为着火点，又称燃点。

某些可燃物的闪点、自燃点及燃点（着火点）可从相关物质理化数据中得到。

（二）爆炸

物质发生急剧的物理、化学变化，瞬间放出巨大的能量的现象，称为爆炸。爆炸时，温度与压力急剧升高，产生爆破和冲击作用。

1. 爆炸分类

（1）物理爆炸　因物质的物理状态发生急剧变化而引起的爆炸。物理爆炸的特点是爆炸前后物质的性质和化学成分均不变。例如蒸汽锅炉、压缩气瓶的爆炸。

（2）化学爆炸　因物质发生极迅速的化学反应，产生高温、高压而引起的爆炸。化学爆炸的特点是爆炸前后，物质性质和化学成分均发生了根本变化。

2. 爆炸极限

可燃气体、可燃液体的蒸气或可燃粉尘、纤维空气的形成的混合物，在一定浓度范围内，遇到火源发生爆炸，这个浓度范围就叫做爆炸浓度极限，亦称爆炸极限。通常用体积分数来表示，可燃物在空气中能引起爆炸的最低浓度称为爆炸下限，最高浓度称为爆炸上限，两浓度范围之间有爆炸危险。

某些物质的爆炸极限可从相关物质理化数据中查到。

四、安全教育

目前我国化工企业中开展的安全教育的主要形式包括入厂教育（三级安全教育）、日常教育和特殊教育三种形式。

（一）入厂教育（三级安全教育）

新入厂人员（包括新工人、合同工、临时工、外包工和培训、实习、外单位调入本厂人员等），均须经过厂、车间（科）、班组（工段）三级安全教育（见图1-21）。每级经培训考试合格后方准依次进入下一级。

每一级的教育时间，均应按化学工业部颁发的《关于加强对新入厂职工进行三级安全教育的要求》中的规定执行。厂内调动（包括车间内调动）及脱岗半年以上的职工，必须对其再进行二级或三级安全教育，其后进行岗位培训，考试合格，成绩记入"安全作业证"，方准上岗作业。

图1-21 企业员工三级安全教育

（二）日常教育

日常教育即经常性的安全教育。企业应定期开展安全活动，举办安全技术和工业卫生学习班；安全技术部门应督导检查，及时总结发生事故的规律，有针对性地进行安全教育；对于违章及重大事故责任者和工伤复工人员进行安全教育。

（三）特殊教育

标准规定从事特种作业的人员，必须进行安全教育和安全技术培训。经安全技术培训后，必须进行考核，经考核合格取得操作证者，方准独立作业。特种作业人员在进行作业时，必须随身携带"特种作业人员操作证"。对特种作业人员，按各业务主管部门的有关规定的期限组织复审。

特种作业范围包括电工作业、锅炉司炉、压力容器操作、起重机械作业、爆破作业、金属焊接（气割）作业、煤矿井下瓦斯检验、机动车辆驾驶、机动船舶驾驶、轮机操作、建筑登高架设作业以及符合特种作业基本定义的其他作业。

五、安全检查

生产经营单位的安全生产管理人员应当根据本单位的生产经营特点，对安全生产状况进行经常性检查；对检查中发现的安全问题，应当立即处理；不能处理的，应当及时报告本单位有关负责人。检查及处理情况应当记录在案。

安全检查应贯彻领导与群众相结合的原则，除进行经常性的检查外，每年还应进行群众性的综合检查、专业检查、季节性检查和日常检查。

班组安全检查的方法见图1-22。

班组安检查：主要有定期检查、日常检查、突击检查、交叉检查（互查）几种形式。对检查中发现的问题要举一反三，检查是否是班组普遍存在的问题。班组安全检查步骤见图1-23。

图 1-22 班组安全检查的方法

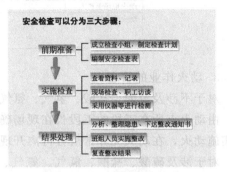

图 1-23 班组安全检查步骤

六、安全生产技术应用

以氯碱生产为例。

(一) 危险源包括的主要内容

(1) 物料方面　酸、碱、氨、氯气、氢气、乙炔、油等。

(2) 能源方面　电、蒸汽、水（和电在一起）。

(3) 物品方面

① 根据企业情况特有　保温、仪表、管架子、设备（运转）。

② 任何情况都有的　下水井、路面、高空坠落、机车、走台、走梯等。

(二)、动火管理程序（适用于厂内一切产生火花、火焰的作业）

1. 动火作业的提出

内部动火作业由机修工段长根据检修内容提出（电钻、风镐等作业由使用单位工段长提出），对于可动火可不动火的，尽量不要动火作业。在安排动火作业的同时，机修工段长要安排动火作业人员及动火监护人员，并将相关信息写到动火票据上，所安排的动火作业人员及动火监护人员要符合上岗要求。

外部动火作业由检修承接单位提出。

2. 动火手续的审批

动火点所在工段的工段长负责动火票据的第一级审批，在审批过程中要注明安全措施（包括任何与安全生产有关的要求，不仅限于动火作业），指定动火监护人，对动火监护人说明安全要求，并在动火前通知相关岗位人员。

安全员负责动火票据的第二级审批，审批过程中要对安全措施是否全面，是否具有可操作性进行认定；并对动火要求、票据相关内容的填写是否符合要求进行审批。

厂长（或厂长指定的副厂长）负责动火票据的第三级审批，对一、二级审批不全面的方面进行完善，对不符合要求的给予制止。

厂长审核通过后，动火人将一张动火票交由安全员存底，监火人、动火人各持一张作为作业凭据及指导。

```
                    安全部动火许可证
                                              编号: 00001
    动火时间:    年  月  日    时始至   年  月  日   时止
    动火地点:
    动火内容:
    动火现场负责人           执行人            监护人
    动火安全措施:
```

3. 动火作业的管理

对于不涉及硫酸、盐酸、氢气、氨气、氯气、烧碱、油品等区域、设备、管线的施工作业，由动火点所在工段的工段长在现场确认是否达到动火条件，在具备动火条件后，方可同意实施动火，在动火无异常后方可离开现场。

对于涉及硫酸、盐酸、氢气、氨气、氯气、烧碱、油品等区域、设备、管线的施工作业，由动火点所在工段的工段长及厂安全员在现场落实安全措施（包括置换、分析等必要的措施），确认是否达到动火条件，在具备动火条件后，方可同意实施动火，在动火无异常后方可离开现场。如果工段长及安全员无法保证动火安全，则要求厂长到现场。

现场单位的防火监护人负责动火的全程监护，防火监护人要熟知防火要求，并准备足够的灭火器材。

动火作业结束后，由动火作业人负责消除所有火源，防火监护人确认无误后，在动火票据上签字，然后将动火人手中动火票据取回，与自己手中的动火票据一同交回厂安全员。

如果在监火人的一个工作日内（即监火人到了下班时间）或由于其他原因监火人不能继续履行监火职责时，动火作业仍未结束，动火作业必须暂停，监火人将动火人手中的票据收回，交给本工段工段长，由工段长到安全员处重新指定监火人后，再由新监火人将动火人应持票据交至动火人手中，动火作业方可继续进行。

动火人在动火时必须携带《动火安全作业证》，禁止无证作业及审批手续不完备的动火作业。动火作业前详细了解作业内容，和动火部位及周围情况，判断现场是否可以动火。动火人在动火前要对电焊机、乙炔气瓶、氧气瓶等做安全检查及校正。防火监护人在现场，施工现场符合动火要求时方可作业，当动火现场情况发生变化时，首先必须立即停止动火作业，待排出故障和采取安全措施后方可继续动火。动火完毕，应熄灭余火，配合防火监护人检查无误方可离开现场。

安全员在对厂各动火点进行全面检查，发现不符合要求的动火作业立即制止，情节严重的追究相关人员责任。

（三）发生人员伤害时的应急治疗方法

（1）化学烧伤的一般灭火和急救处理

① 所有化学烧伤时，均应迅速脱去被化学物质浸渍的衣服。

② 立即用大量清洁水冲洗至少20分钟以上，用水量应够大，迅速将残余化学物质从创面冲尽。

③ 头面部烧伤时，应首先注意眼睛，尤其是角膜有无损伤，并优先予以冲洗。

（2）热力烧伤的灭火方法与治疗

① 尽快脱去着火或沸液浸渍的衣服，特别是化纤面料的衣服，以免着火衣服或衣服上

的热液继续作用，使创面加大加深。

② 迅速卧倒后，慢慢在地上滚动，压灭火焰。禁止伤员衣服着火时站立或者奔跑呼叫，防止增加头面部烧伤和吸入性损害。

③ 迅速离开密闭或通风不良的现场，以免发生吸入性损伤和窒息。

(3) 电烧伤灭火和急救方法　灭火方法同一般火焰烧伤，急救时，应立即切断电源，并扑灭着火衣服。如发现伤员呼吸心跳停止，应立即行体外心脏按压和口对口人工呼吸抢救，同时转送就近医院进行处理。

(4) 刺激性气体中毒　服用相关解毒药物，轻微者饮用大量碳酸的饮料。

单元二 氯碱生产技术

单元描述

当你即将进入某化工厂,作为氯碱生产车间工作人员,尤其是操作工,你将首先了解氯碱生产安全管理规定,了解氯碱市场需求,熟悉生产所用主辅原料性质、用途及规格,熟悉整个工艺过程;熟知并理解所在岗位主要职责,具备岗位所需的专业知识和专业技能,为安全、稳定高效地生产出环境友好的氯碱产品打下基础。

单元学习目标

1. 通过氯碱生产项目调研,了解氯碱性质用途、市场需求,确定氯碱生产线路;
2. 掌握安全生产技术,具备氯碱生产的安全意识和社会责任感;
3. 掌握离子膜法生产氯碱工艺;
4. 理解离子膜法生产氯碱各工段工艺过程,掌握岗位操作法;
5. 熟知所在岗位主要职责,具备岗位所需的专业知识和专业技能;
6. 能对生产进行分析,对生产中的异常现象做出正确判断与处理;
7. 能运用专业工具书、期刊和网络资源等;
8. 能对收集资料进行合理的分类和归纳。

任务一 氯碱生产项目调研

任务描述

通过氯碱生产项目调研,了解氯碱性质、用途及市场需求;了解氯碱生产中的主要危险源;确定氯碱生产路线。

一、采集基本信息

如图 2-1,氯碱工业是通过电解食盐水溶液生产烧碱、氯气和氢气,是最基本的化学工业之一。其主要产品为烧碱、液氯、盐酸、聚氯乙烯树脂等,它们除应用于化学工业本身外,还广泛应用于轻工业、纺织工业、冶金工业、石油化学工业以及公用事业。

(一) 了解氯碱性质和用途

查找相关期刊、书籍、网络资源,深入企业,找一找氯碱工业及产品氯碱性质和用途的相关知识,记录下来;然后分组讨论,填写表 2-1~表 2-4。

单元二　氯碱生产技术

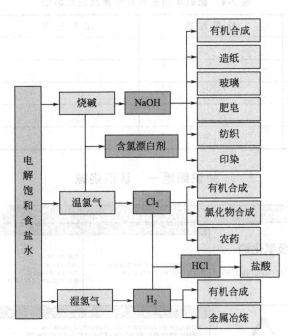

图 2-1　氯碱生产及产品

表 2-1　氯气的性质和用途

项　目	有　关　内　容	信　息　来　源
氯气物理性质		
氯气化学性质		
在生活中接触到的与氯气有关的物品或产品		
氯气用途		

表 2-2　氢气的性质和用途

项　目	有　关　内　容	信　息　来　源
氢气物理性质		
氢气化学性质		
在生活中接触到的与氢气有关的物品或产品		
氢气用途		

表 2-3　烧碱的性质和用途

项　目	有　关　内　容	信　息　来　源
烧碱物理性质		
烧碱化学性质		
在生活中接触到的与烧碱有关的物品或产品		
烧碱用途		

表 2-4 氯碱车间主要危险源及注意事项

主要危险源	外观性状	主要危害	紧急措施/注意事项
NaOH			
HCl			
Cl_2			
H_2			
NaClO			

知识园地一 认识烧碱

1. 烧碱性质

化学名称氢氧化钠，分子式 NaOH，相对分子质量为 40，俗称火碱。市售烧碱有固态（见图 2-2）和液态两种。纯的无水氢氧化钠为白色半透明结晶状固体，呈块状、片状、棒状、粒状，质脆，易溶于水，溶解时能放出大量的热，水溶液有涩味和滑腻感，呈强碱性。还易溶于乙醇、甘油，但不溶于乙醚、丙酮、液氨；纯液体烧碱为无色透明液体。烧碱是一种强碱，主要化学性质如下。

图 2-2 固碱（片碱、粒碱）

（1）烧碱溶液能使紫色石蕊指示剂变蓝，使酚酞指示剂变红。

（2）可用作干燥剂，吸水性，但不能干燥二氧化碳、二氧化硫、二氧化氮及氯化氢等酸性气体。

（3）烧碱有强烈的腐蚀性，能腐蚀皮肤，溶解皮肤中的脂肪，浓度越大，烧伤力越强，特别是进入人体眼睛内，能导致严重伤害；高温下，浓碱可使钢铁发生"碱脆"，对纤维、玻璃、陶瓷等也有腐蚀作用。

（4）烧碱还能与一些无机酸、金属、非金属、卤族元素等发生反应；能从水溶液中沉淀金属离子成为氢氧化物；与油脂发生皂化反应可去除织物上的油污。

2. 工业烧碱

（1）工业烧碱产品名称 工业用氢氧化钠（42%、30%隔膜液体烧碱）；离子交换膜法氢氧化钠（32%离子膜液碱、45%液体离子膜烧碱、98.5%离子膜片状烧碱等）。

(2) 工业烧碱产品性质　32%、45%离子膜液体及98.5%离子膜片状烧碱的性质见表2-5。

表2-5　离子膜烧碱性质

项目	32%离子膜液碱	45%离子膜液碱	98.5%离子膜片状碱
组分	含氢氧化钠32%,含水、氯化钠、氯酸钠等杂质68%	含氢氧化钠45%以上,其他杂质含量55%以下	含氢氧化钠98.5%以上,其他杂质含量0.5%以下
外观（常温）	无色透明黏稠状液体	无色透明黏稠状液体	白色片状固体
密度（20℃）	1340~1350kg/m³	1490~1510 kg/m³	414℃时的密为1720.0kg/m³,60℃堆积密度大约0.7~0.9 kg/L
凝固点	5~6℃	8~9℃	
沸点（1个大气压）	118~119℃	136~137℃	
其他	离子膜烧碱化学性质与隔膜烧碱的化学性质相同		
备注	98.5%离子膜片碱厚度大约0.8~1.2mm,形状大约0.3~1cm²,还具有吸水潮解性、能吸收二氧化碳气体		

(3) 产品规格（按GB 2009标准执行）　外观：固体（包括片状、粒状、块状等）氢氧化钠主体为白色，有光泽，允许微带颜色；液体氢氧化钠为稠状液体。

(4) 主要指标测定方法　按GB 209—2006（见表2-6）规定执行。

表2-6　工业用氢氧化钠标准 GB 209—2006

指标名称	技术指标								
	73%液体氢氧化钠			45%液体氢氧化钠			42%液体氢氧化钠		
	优等品	一等品	合格品	优等品	一等品	合格品	优等品	一等品	合格品
氢氧化钠的质量分数/% ≥	72.0±2.0			45.0			42.0		
氯化钠的质量分数/% ≤	0.02	0.05	0.08	0.02	0.03	0.05	1.6	1.6	2.0
三氯化二铁的质量分数/% ≤	0.005	0.008	0.01	0.002	0.003	0.005	0.003	0.006	0.01
碳酸钠的质量分数/% ≤	0.3	0.5	0.8	0.2	0.4	0.6	0.3	0.4	0.6

3. 烧碱的用途

烧碱广泛用于化学工业、制肥皂、纺织、印染、漂白、造纸、精制石油、冶金及其他化学工业，各行业使用比例，见图2-3。

① 洗涤剂行业烧碱与脂肪酸发生皂化反应生产肥皂；

② 冶金行业烧碱用来生产铝及氧化铝；

③ 印染、纺织行业大量烧碱用来除去棉纱、羊毛上面的油脂，生产人造纤维业需要大量烧碱；

④ 精制石油过程中，烧碱用来除去石油馏分中的胶质；

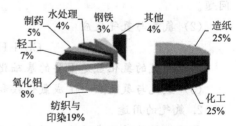

图2-3　各行业中使用烧碱比例

⑤ 造纸行业中碱法制浆需要烧碱或纯碱作为蒸煮液来除去原料中的木质素、糖类化合物和树脂等。

知识园地二 认识氯气

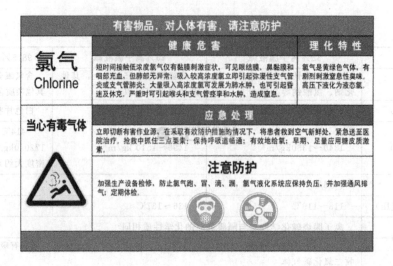

1. 氯气性质

化学名称氯气，分子式 Cl_2，相对分子质量为 70.9，外观呈黄绿色（常温下）；易溶于水、酒精和四氯化碳等溶液中；氯气密度为 $3.214kg/m^3$（标准状况下），比空气重；氯气与氢、氨、乙炔等气体混合能形成爆炸性气体混合物；氯气是一种毒气体，能使人窒息，对人体呼吸器官有强烈刺激作用，过量吸入能导致死亡。氯气对人体的作用见表2-7。

表 2-7 氯气对人体的作用

空气中氯气含量/(mg/m^3)	0	1~2	4	28	35~50	900
对人体的作用	可以长时间工作	从事清净工作6小时	不能坚持工作	10~20min 即中毒	0.5~1h 死亡	12min 内死亡

氯作为卤族元素，其化学性质非常活泼，能与大多数元素化合，也能与许多化合物反应。如与金属、无机化合物、有机化合物、水、氢气、氨等发生反应

(1) 氯气与水反应

$$Cl_2 + H_2O \longrightarrow HCl + HClO$$

反应生成的氯化氢和次氯酸，带来了严重的腐蚀，成为氯碱企业一个带有普遍性的问题。

(2) 氯气与氢气反应

$$Cl_2 + H_2 \longrightarrow 2HCl + 184.2kJ$$

反应生成的氯化氢是重要的基础化工原料之一。

(3) 氯气与氨反应 生成氯化铵和三氯化氮，生成的三氯化氮（NCl_3）易分解爆炸。

2. 氯气的用途

氯的化学性质非常活泼，用途广泛，可用于制造漂白粉、液氯、次氯酸钠、漂白精，生成盐酸及有机氯产品等。

① 液氯用于上、下水污染源杀菌消毒，纸浆、棉纤维、化学纤维的漂白以及氯化纸浆的生产，氯气还可用来生产一系列的漂白消毒剂等。

② 盐酸是重要的无机酸之一，用途极为广泛，可生产无机氯化物、可作为印染助剂、金属表面清洗剂等。

③ 生产有机产品。氯化氢是制造聚氯乙烯和氯丁橡胶的主要原料。聚氯乙烯可用作电绝缘和耐腐蚀材料，也可加工成薄膜、板材、管子、管件、设备及设备零件、人造革，是最大的耗氯产品。此外还可用来生产二氯乙烷、三氯乙烷、四氯化碳和氯丁橡胶等。

3. 氯气规格

含氯量≥94.00%（体积分数），含氧量≤3.00%（体积分数），含氢量≤0.40%（体积分数）。

知识园地三　认识氢气

1. 氢气性质

化学名称氢气，分子式 H_2，相对分子质量为 2.016。氢气为无色无味的气体，比重 0.07（空气为1），密度为 $0.089kg/m^3$（0℃，0.1013MPa），氢气与空气、氯气混合一定程度具有爆炸性，此外，氢气具有强还原性。

2. 氢气的用途

① 液态氢是一种高能理想燃料，可供火箭、宇宙飞船、导弹等使用。

② 氢气作为还原剂可将金属氧化物、氯化物还原生产纯金属。

③ 用来生产盐酸或氯化氢

3. 氢气规格

含氢量≥98.00%（体积分数），其他气体≤2.00%（体积分数）。

知识园地四　认识次氯酸钠

1. 次氯酸钠性质

（1）物理性质　白色粉末，极不稳定，水溶液呈碱性，具有刺激性气味且伤害皮肤。工业品为无色或淡黄色的液体，含有效氯 100～142g/L；次氯酸钠易水解，故不宜久放，其稳定性较差，易受光、热、金属离子及溶液酸碱度的影响，如受热后迅速自行分解。

（2）化学性质　次氯酸钠具有碱的通性，是强氧化剂。

2. 次氯酸钠的用途

次氯酸钠水溶液主要用于造纸、纺织工业的漂白，以及水净化剂和杀菌消毒剂等。

危险化学品告知卡

作业环境对人体有害，请注意防护

次氯酸钠
HCl

当心中毒
当心腐蚀

健康危害	理化特性
受高热分解产生有毒的腐蚀性烟气，具有腐蚀性。经常用手接触本品的工人，手掌大量出汗，指甲变薄，毛发脱落。本品有致敏作用。本品放出的游离氯有可能引起中毒。	微黄色溶液，似氯气的气味 熔点(℃)：-6 沸点(℃)：102.2 含量：工业级（以有效氯计）一级13%；二级10%

急救措施
皮肤接触：脱去污染的衣着，用大量流动清水冲洗。
眼睛接触：提起眼睑，用流动清水或生理盐水冲洗，就医。
吸入：迅速脱离现场至空气新鲜处，保持呼吸道通畅，如呼吸困难，给输氧。如呼吸停止，立即进行人工呼吸，就医。
食入：饮足量温水，催吐，就医。

防护措施
正确使用PPE个人防护用品

急救电话：120　　疾病预防控制中心电话

思考与练习

1. 什么是氯碱工业？
2. 写出无机化工"三酸，两碱"的分子式，你能说说它们的用途吗？

（二）氯碱生产状况与市场调查

查找相关期刊、书籍、网络资源，深入企业，获得氯碱生产与市场状况的相关信息，记录下来；然后分组讨论，填写表2-8。

表2-8　氯碱的市场现状

项　目	具体情况	信息来源
目前国内、外氯碱市场参考价格		
目前国内、外氯碱的产量		
目前国内、外氯碱市场特点		
目前氯碱的原料供应情况与特点		

（三）查找氯碱工业发展历程及展望的相关资料

查找相关期刊、书籍、网络资源，深入企业，获得氯碱工业发展历程及展望的相关资料，记录下来；然后分组讨论，填写表2-9。

表2-9　氯碱工业的发展历程及展望

项　目	有关内容	信息来源
氯碱工业的发展历程		
氯碱工业的展望		

知识园地五　氯碱工业发展概况

氯碱工业是重要的基本化工原料工业，其主要产品是烧碱、液氯、盐酸、聚氯乙烯树脂等，在国民经济和国防建设中占有重要地位。随着纺织、造纸、冶金、有机、无机化学工业的发展,特别是石油化工的兴起,氯碱工业发展迅速。

1. 烧碱工业的形成

烧碱的生产和使用具有悠久的历史,始于18世纪。最早出现的生产方法是苛化法,以纯碱和石灰为原料制取烧碱,得到的烧碱纯度较高,但是需要消耗另一种重要的产品纯碱。直到19世纪末,世界上也一直采用苛化法制碱。电解法制烧碱则始于1890年,隔膜法和水银法几乎同时出现。苛化法生产氯碱对当时的纺织工业漂白工艺是一个重大贡献。

2. 电解法的发展

食盐水电解生产烧碱有三种方法:水银电解法、隔膜电解法和离子膜电解法。工业规模的第一套隔膜电解槽制碱装置于1890年在德国建成;第一套水银电解法制氯碱装置于1897年分别在英国和美国建成;到了1975年,离子膜法生产烧碱首先在美国和日本实现工业化

食盐电解工业发展中的困难是如何将阳极产生的氯气与阴极产生的氢气和氢氧化钠分开,不致发生爆炸和生成氯酸钠。

(1) 隔膜电解法　隔膜法是在电解槽阳极室与阴极室之间设有多孔渗透性隔层,它能阻止阴阳极产物混合,1890年德国使用了水泥微孔隔膜来隔开阳极、阴极产物。随后,出现了石棉滤过性隔膜。

(2) 水银电解法　水银法是以生成钠汞齐的方法使氯气分开,1897年英国和美国同年建成水银电解法制氯碱的工厂。由于水银法污染问题,隔膜法电解技术便迅速发展起来。20世纪70年代初改性石棉隔膜用于工业生产,20世纪80年代塑料微孔隔膜研制成功。

隔膜法制得的碱液,浓度较低,进行蒸发浓缩时,能耗较大;碱液含有氯化钠则需要脱盐处理。水银法虽可得较高纯度的浓碱,但有汞害。因此离子膜电解法应运而生。

(3) 离子膜法　离子膜法用阳离子膜将阴、阳极室分开,可直接制得氯化钠含量极低的浓碱液。1975年离子膜生产氯碱法首先在日本和美国实现工业化。离子膜法综合了隔膜法和水银法的优点,产品质量高,能耗低,又无水银、石棉等公害。离子膜代替石棉隔膜在电解槽内的使用是一次划时代意义的技术性革命。

1966年美国杜邦(Du Pont)公司开发了化学稳定性较好,用于宇宙燃料电池的全氟磺酸阳离子交换膜,即Nafion膜,并于1972年以后生产转为民用。这种膜能耐食盐水溶液电解时的苛刻条件,为离子膜法制碱奠定了基础。

氯碱生产用电量大,降低能耗始终是电解法的核心问题。因此,提高电流效率,降低槽电压,提高大功率整流器效率,降低碱液蒸发能耗,以及防止环境污染等,一直是氯碱工业的努力方向。

3. 我国氯碱工业存在的问题

(1) 产业布局不合理。随着中西部地区氯碱工业迅速崛起,氯碱工业传统的分布格局正在改变,但是"西货东进"、"北货南下"所增加的大量运力和高昂的运费成本,也成为制约中西部地区氯碱行业发展的主要瓶颈之一。

(2) 产品结构不合理。我国目前有机氯产品、高档产品、专用产品、深加工、高附加值产品,特别是精细化工产品比例小。聚氯乙烯产品通用牌号多,专用树脂少,低附加值产品多,高附加产品少,PVC产品工艺、技术水平与国外相比仍有较大差距。

(3) 产能结构性过剩问题严重。"十一五"后期,氯碱产业迅速扩张。来自氯碱协会的统计显示,仅2010年,全国各地就计划新增悬浮聚氯乙烯装置能力444万吨/年,新增聚氯乙烯糊树脂装置能力14.5万吨/年,新增烧碱装置能力597.5万吨/年。由于市场消化不足,

导致各大生产企业开工率不足，2010年底我国烧碱产能达3021万吨/年，开工率约70%，PVC产能达2043万吨/年，开工率55%左右。

思考与练习

1. 试讨论我国氯碱工业目前存在的主要问题。
2. 烧碱、氯气性质及用途。
3. 从烧碱、氯气危险化学品告知卡里你能得到哪些重要信息？
4. 把你在这一任务中所获得的资料和其他同学交流一下，看看有哪些补充。

二、确定氯碱生产路线

氯碱生产方法的比较

查找相关期刊、书籍、网络资源，找一找氯碱生产方法的相关知识，记录下来；然后分组讨论，填写表2-10。

表2-10 氯碱生产方法比较

项 目	隔 膜 法	水 银 法	离 子 膜
生产原料			
生产特点			
生产流程			

知识园地六 氯碱生产方法比较

氯碱生产的核心是电解，电解方法有隔膜法、水银法、离子交换膜法，离子膜法是氯碱生产现在普遍采用的方法。国内烧碱生产方法比例，见图2-4。

1. 隔膜法

在电解槽阳极室与阴极室之间设有多孔渗透性的隔层，它能阻碍阳极产物与阴极产物混合，但不妨碍阴、阳离子的自由迁移。

2. 水银法

水银法电解生产的烧碱浓度高、质量好、生产成本低，曾获得广泛应用；但汞

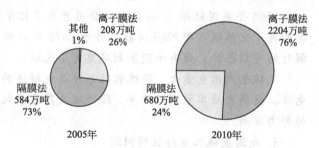

图2-4 国内烧碱生产方法比例

对环境有污染。因此现已趋于淘汰，我国于1999年淘汰此法。

隔膜法及水银法电解所用阳极一直采用石墨，其缺点是消耗快，消耗急剧增大后而使耗电增加。在隔膜法中其粉末易堵塞隔膜，在水银法中则易形成汞渣，影响钠汞齐质量，氯气中CO_2含量增加。金属阳极的出现为电解工业技术的发展开辟了新纪元，同时，也为离子膜电解槽的出现创造了良好的条件。

3. 离子交换膜法

离子交换膜电解法生产烧碱，投资省、能耗低、生产成本低污染小；由于膜具有选择透过性，只允许阳离子通过，所以得到的电解液浓度高，烧碱含量约为32%～35%；产品氢

氧化钠质量好，不含石棉等其他杂质，浓缩至50%的离子膜烧碱，其氯化钠含量仍小于 5.0×10^{-5}；产品氯气、氢气纯度高；离子交换膜电解法在现代氯碱工业中应用日益普及。美国离子膜法生产能力已达80%以上，日本已达100%，我国离子膜技术也得到广泛应用。

离子膜法缺点　膜与机框的成本高，且对盐水质量的要求远远高于隔膜法和水银法，增加了盐水二次精制装置，但随科技进步及膜与槽框的国产化，其成本将明显下降，氯碱成本也会大幅度下降。

任务二　掌握离子膜法生产氯碱工艺过程

任务描述

作为氯碱车间岗位操作工，你应熟悉生产所用主辅原料性质、用途及规格；能运用生产技术资料、专业工具书、期刊和网络等资源，选择氯碱生产原料、生产设备；掌握离子膜法生产氯碱工艺条件；熟悉离子膜法生产氯碱工艺总流程；了解安全生产技术相关信息，培养烧碱生产的安全意识和社会责任感。

一、采集基本信息

查找企业相关生产技术资料或期刊、书籍、网络资源等，找一找氯碱生产原料工业盐相关知识，记录下来；然后分组讨论，填写表2-11。

表2-11　工业盐的性质和用途

项　目	有关内容	信息来源
氯化钠物理性质		
氯化钠化学性质		
在生活中接触到的与氯化钠有关的物品或产品		
氯化钠用途		
氯化钠来源		

知识园地　认识原盐

1. 原盐的理化性质

食盐，化学名称氯化钠，分子式为NaCl，相对分子质量58.45，熔点801℃，平均比热容为 $0.875 kJ/(kg \cdot ℃)(0 \sim 100℃)$。易溶于水，不溶于盐酸。食盐中因含有氯化钙、氯化镁等杂质易潮解结块，纯的氯化钠是无色透明的立方体，很少潮解。

2. 原盐质量对生产的影响

电解法生产烧碱，原盐的费用仅次于电费，占烧碱成本的第二位，见图2-5烧碱生产成本结构/离型膜。因此，原盐质量直接影响烧碱成本，对生产工艺也有较大影响。

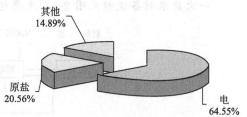

图2-5　烧碱生产成本结构/离型膜

原盐杂质含量高对生产的影响有如下：
① 影响原盐的运输费用；
② 影响化盐速度和盐水的饱和度；
③ 影响精制剂的消耗量；
④ 影响澄清能力；
⑤ 影响隔膜电槽性能及降低电槽隔膜寿命。

3. 原盐的选用标准

原盐主要来源为海盐、湖盐、井盐、矿盐及卤水等。以日晒方法为主生产的海盐和湖盐含有很多泥沙、悬浮物，杂质含量高；以真空蒸发生产的井矿盐杂质含量少。

各企业应根据自身的实际情况合理选用原盐，但总体上应遵循以下规则。

（1）就近采购　为了规避风险，消除涨价因素和原盐供应不足给企业造成的经济损失，氯碱企业应优先选用离厂区最近的盐场生产的原盐，新建氯碱厂应尽量靠近盐场，以降低运输成本。

（2）质量优先　选择杂质含量少的盐，可以减轻盐水工段精制生产负荷，节约大量投资和运行费用，约生产成本。

离产盐区较近的氯碱企业，可以用质量稍差的海盐和湖盐，节省的运输费用，可以抵消因杂质过多而增加的盐水精制费用；离产盐区较远的氯碱企业，尤其是离子膜法生产企业，选择井矿盐较有优势。

原盐化学指标见表2-12。

表2-12　原盐化学指标　　　　　　　　　　　　　　　　　　　　单位：%

指标		NaCl≥	水分≤	水不溶物≤	水溶性杂质≤
等级	优级	95.50	3.30	0.20	1.00
	一级	94.00	4.20	0.40	1.40
	二级	92.00	5.60	0.40	2.00
	三级	89.00	8.00	0.50	2.50

（3）饱和食盐水的制备方法　以固体盐为原料的烧碱企业，食盐的溶解一般在化盐桶中进行；以液体盐为原料烧碱企业，井盐或天然卤水可直接汲出，用管道送往工厂使用，如浓度较低，可先浓缩，或加入固体盐，增加其浓度。岩盐一般在地下用水先溶解，再汲出。

精制盐水电解是整个工艺生产过程的核心，而盐水的制备则是保证电解盐水生产顺利进行的关键，精制盐水是电解槽的血液，从本质上说电解制碱生产就是盐水质量的生产。

一次盐水制备流程见图2-6。主要包括以下步骤。

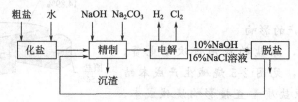

图2-6　盐水精制流程示意图

① 饱和食盐水的制备　将固体盐，加水溶解，制成饱和食盐水；或者用卤水，加原盐溶解，制得粗盐水。

② 盐水的精制　在粗盐水中，加入烧碱、纯碱、氯化钡等化学物品，使盐中的 Ca^{2+}、Mg^{2+} 以及 SO_4^{2-} 生成沉淀，成为碱性盐水；碱性盐水再经沉降、过滤除去沉淀，再加盐酸中和成为中性（或微碱性，甚至酸性）盐水，最后送去隔膜电解槽电解，或作为离子膜电解的一次精制盐水。

离子膜法生产氯碱还需将一次精制盐水进行二次精制。

(4) 氯碱生产原料规格　原料技术标准如下。

① 工业用原盐　按 Q/SHG·J05·10 规定执行。
② 工业碳酸钠　按 GB 210 规定执行（Ⅲ类）。
③ 工业盐酸　按 GB 320 规定执行。
④ 高纯盐酸　按 HG/T 2778 规定执行。
⑤ 工业硫酸　按 Q/SHG·J05·02 规定执行。
⑥ 工业碳酸钡　按 GB/T 1614 规定执行。
⑦ 工业无水亚硫酸钠　按 Q/SHG·J05·07 规定执行。
⑧ 熔盐

a. 化学组成　KNO_3　53%（质量分数）；$NaNO_2$　40%（质量分数）；$NaNO_3$　7%（质量分数）；

b. 原始状态　熔点 142～143℃，但随熔盐的衰变其熔点会继续上升，平均相对分子质量 89.2，比热容 0.34kcal❶/(kg·℃)，溶解热 20kcal/kg。

二、确定离子膜法生产氯碱工艺过程

(一) 电解原理

电解质的水溶液在直流电作用下，发生的化学反应过程叫电解。

1. 电解的基本原理

食盐即氯化钠，当食盐溶解到水里时，立即电离成 Na^+ 和 Cl^-。

$$NaCl \longrightarrow Na^+ + Cl^-$$

溶液中水也会电离成氢离子（H^+）和氢氧根离子（OH^-）

这样，食盐水溶液中同时存在 Na^+、Cl^-、H^+、OH^- 四种带电荷的离子，它们处于不停地无规则的运动状态。

当插入电极，直流电通入食盐水溶液时，四种离子立即变为定向运动，按照同性相斥、异性相吸的原理，带正电荷的 Na^+、H^+ 向阴极移动，带负电荷的 Cl^-、OH^- 向阳极移动。

到达阴极上的带正电荷的氢离子便在阴极上放电，即从阴极上获得电子变成不带电的中性氢原子，同时，在阳极上有氯离子放电，得到不带电的中性氯原子。

$$H^+ + e \longrightarrow H$$
$$Cl^- - e \longrightarrow Cl$$

两个原子在电极上结合成一个分子，离开电极表面

---

❶ 1kcal=4.18kJ。

$$2H \longrightarrow H_2$$
$$2Cl \longrightarrow Cl_2$$

没放电的 Na^+ 和 OH^- 结合生成氢氧化钠

$$Na^+ + OH^- \longrightarrow NaOH$$

2. 离子膜电解法的基本原理

如图 2-7 是离子膜法电解制氢氧化钠和氯气的原理图。离子交换膜（简称离子膜）将电解槽分成阳极室和阴极室两部分，饱和精盐水进入阳极室，去离子纯水进入阴极室。由于离子膜的选择渗透性仅允许阳离子 Na^+ 透过膜进入阴极室，而阴离子 Cl^- 却不能透过。所以，通电时，部分氯离子在阳极放电，生成氯气逸出。由于 NaCl 的消耗导致盐水浓度降低，因此，在阳极室有淡盐水导出；H_2O 在阴极表面放电生成氢气，在阴极室 Na^+ 与 H_2O 放电生成的 OH^- 结合生成 NaOH，形成的 NaOH 溶液从阴极室流出，其含量为 32%～35%，可直接出售或经浓缩得其他规格成品液碱或固碱。

3. 离子膜实现离子交换的过程

从微观角度看，离子膜是多孔结构物质，由孔和骨架组成，孔内是水相，固定离子团（负离子团）之间有微孔水道相通，骨架是含氟的聚合物。离子膜选择透过性示意图，见图 2-8。

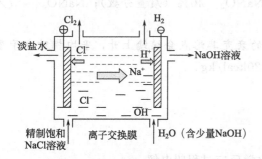

图 2-7 离子交换膜电解制氢氧化钠和氯气的原理图

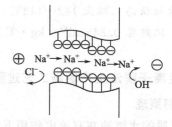

图 2-8 离子膜选择透过性示意图

离子膜内孔存在许多固定的负离子团，在电场作用下，阳极室的 Na^+ 被负离子吸附并从一个负离子团迁移到另一个负离子团，这样，Na^+ 从阳极室迁移到阴极室。

离子膜内存在着的负离子团，对阴离子 Cl^- 和 OH^- 有很强的排斥力，尽管受电场力作用，阴离子有向阳极迁移的动向，但无法通过离子膜。Cl^- 只在阳极放电并析出 Cl_2，OH^- 与 Na^+ 结合生成 NaOH。若阴极室碱溶液浓度太低，膜内的含水量增加使膜膨胀，OH^- 有可能穿透过离子膜进入阳极室，导致电流效率降低。

（二）离子膜电解影响因素

盐水质量、阳极液中氯化钠浓度、盐水加酸量、阴极液中氢氧化钠含量、电流密度及氯气与氢气的压力变化等都直接影响电解过程。

（三）离子膜电解槽

离子膜电解槽整体结构见图 2-9。

生产线上的离子膜电解槽见图 2-10。

三、电解产品后加工

电解产品后处理主要有两大部分内容，其一是电解碱液的蒸发浓缩，其二是电解得到的

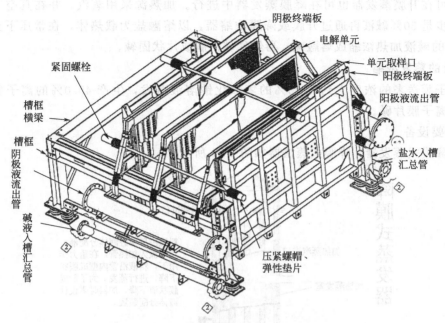

图 2-9 离子膜电解槽整体结构简图

图 2-10 生产线上的离子膜电解槽

氯氢后处理。

在烧碱蒸发中,应用广泛的有降膜和升膜蒸发技术,它们能够强化传热过程,提高设备热效率、减小换热面积、节省设备投资,具有很大的经济效益和社会效益。

膜式法生产片状固碱,其碱液在薄膜换热状态下被加热,进行膜状蒸发。这种过程可在升膜或降膜情况下进行,一般采用熔盐进行加热。

离子膜固碱生产一般分为两步,第一步是离子膜电解来的碱液从浓 32% 左右浓缩至

50％，这可在升膜蒸发器也可在降膜蒸发器中进行。加热源采用蒸汽，并在真空下进行蒸发；第二步是50％碱液再通过升膜或降膜浓缩器，以熔融盐为载热体，在常压下升膜或降膜将50％的碱液加热浓缩成熔融碱，再经片碱机制成片状固碱。

（一）碱液的蒸发浓缩

将离子膜送来的浓度大约32.0％的氢氧化钠溶液蒸发，生产45.0％的离子膜液碱或98.5％的离子膜片碱。

1. 主要设备

(1) 降膜式蒸发器　降膜式蒸法器如图2-11所示。

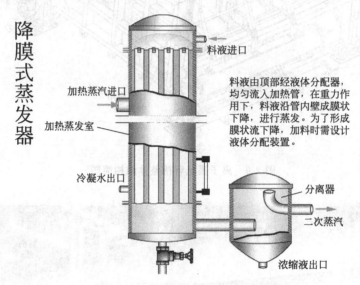

图2-11　以蒸汽加热的降膜式蒸发器

操作时，需浓缩的液体进入加热管顶部，经液体分布器及成膜装置，沿着加热管内壁向下流动，由于管外的加热，管内液膜开始沸腾并部分蒸发，在重力和真空诱导及气流作用下，带动液膜向下运动，蒸汽与液相共同进入蒸发器的分离室，液体和蒸汽得以分离，为了保证降膜蒸发器的功能，全部加热表面、尤其是加热管下部区域能够被液体充分均匀润湿是非常必要的，否则将出现局部干壁，从而导致严重的结壳现象。

降膜蒸发器广泛用于医药、食品、化工、轻工等行业的水或有机溶媒溶液的蒸发浓缩，并可广泛用于以上行业的废液处理。尤其是适用于热敏性物料，但对易结晶或结垢的溶液不适用。

(2) 降膜浓缩器　如图2-12、图2-13所示，降膜浓缩器是由其降膜单元组成，每个单元均由两层套管所组成，外层走熔盐，内层走碱液，两种流体逆流进行传热；需浓缩的碱液经分配器进入每一单元管的内管，管内碱液受到夹套高温熔盐的加热，碱液沸腾、浓缩蒸发，然后经底部汇总管至气液分离器进行分离。

降膜浓缩器的加热管一般采用镍管或超纯铁素体高铬钢管且通常都在碱液中加入少量白糖溶液来还原氯酸盐，以减少其对设备的腐蚀，白糖加入量是理论量的6～8倍。

2. 典型三效逆流降膜蒸发流程简介

(1) 预浓缩

① EV-1流程描述　如图2-14所示，进料电解液由泵打入1#降膜蒸发器（EV-1），经液

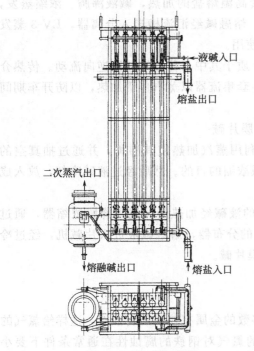

图 2-12 降膜浓缩器

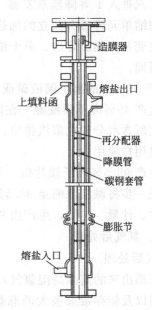

图 2-13 国产降膜单元示意图

体分布器及成膜装置，沿着加热管内壁向下流动；在管外用来自 3♯ 降膜浓缩器（EV-3）及 2♯ 降膜蒸发器（EV-2）的二次蒸汽加热，管内液膜开始沸腾并部分蒸发，在重力和真空诱导及气流作用下，带动液膜向下运动；蒸汽与液相共同进入 1♯ 降膜蒸发器（EV-1）的分离室，液体和蒸汽得以分离，预浓缩后，得到含量约为 47.5% 碱液。EV-1 的二次蒸汽去表面冷凝器（C-1）冷凝，其中不凝汽由水力真空泵抽除。EV-1 产品侧工作真空约为 10kPa，真空度由水力真空泵产生。

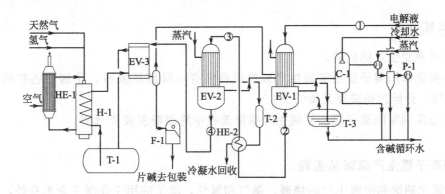

图 2-14 三效逆流降膜浓缩示意

HE-1—空气预热器；H-1—熔盐炉；T-1—熔盐槽；EV-3—最终浓缩器；EV-1、EV-2—降膜蒸发器；
F-1—片碱机；HE-2—预热器；T-2、T-3—冷凝水槽；C-1—表面冷却器；P-1—蒸汽喷射泵

② EV-2 流程描述　2♯ 降膜蒸发器（EV-2）在常压下操作，由生蒸汽加热，经进一步浓缩，含量约为 60% 的碱液流出管束进入二次汽分离器分离，之后送入最终浓缩器 EV-3。

（2）最终浓缩器　EV-3 流程描述　自 EV-2 来的浓度约为 60% 进料碱液由碱液泵打入

最终浓缩器碱液集料器，进入管内的碱液受到夹套高温熔盐的加热，碱液沸腾、浓缩蒸发，最终浓度约为99%的熔融碱液膜流出浓缩器单元，熔融碱经汇流槽进入分离器。EV-3蒸发产生的二次汽进入1#降膜蒸发器（EV-1）循环使用。

每个浓缩单元皆带有独立的加热夹套，传热介质于其中与待浓缩碱液逆向流动。传热介质被加入夹套并经集流导出。单个浓缩单元加热夹套集流器以蒸汽伴管加热，以防开车期间传热介质凝固。

3. 生产45.0%的离子膜液碱或98.5%的离子膜片碱

(1) 生产45%离子膜液碱　在降膜蒸发器内利用蒸汽加热使其沸腾，并通过抽真空的方式，将其所含水分变成蒸汽排出，从而达到液碱浓缩的目的。然后经过液碱冷却，放入成品碱罐，供用户使用。

(2) 生产98.5%离子膜片碱　生产出的45%的液碱经加热后，进入降膜浓缩器，通过熔盐加热进一步将碱液浓缩至98.5%，经过D-10的分布器，熔融碱液进入片碱机，经过冷却后，刮片、计量、包装，生产出98.5%的离子膜片碱。

(二) 氯气、氢气后处理

1. 氯气后处理

自电解槽出来的高温高湿氯气对钢铁及绝大多数的金属有较强的腐蚀性，这样给氯气的输送、使用以及储存带来极大的麻烦；而干燥后的氯气对钢铁的腐蚀性在通常条件下要小得多。

湿氯气脱水的方法有冷却法、吸收法以及冷却吸收法。冷却吸收法，是先冷却除水，再用浓硫酸吸收残余水分，为大多数厂家所采用。

2. 氢气后处理

氢气冷却的基本原理与氯气的冷却一样，冬季为了防止氢气输送设备、管道积水，造成冻结堵塞，采用固碱干燥氢气，即利用固碱的吸湿性，除掉冷却后氢气中残留的水分。氢气压缩输送采用水环式真空泵、罗茨风机。

思考与练习

1. 叙述蒸发生产的目的。
2. 在实训车间离子膜法氯碱生产模拟流程中寻找降膜蒸发器，了解它的结构，说说它的工作原理，分组讨论降膜蒸发流程。
3. 绘出实训车间离子膜法氯碱生产模拟流程中降膜蒸发流程草图。

四、掌握离子膜生产氯碱总流程

电解氯化钠饱和溶液生产的烧碱、氯气和氢气，除了应用于化学工业本身外，作为基础化工原料被广泛使用在其他行业，而且氯气和氢气还可以进一步加工成许多化工产品。

(一) 离子膜法制烧碱工艺流程框图

图2-15为离子膜法制烧碱工艺流程框图。

离子膜法烧碱生产任务主要可分为：①盐水精制：一次精制盐水的制备、二次盐水的精制；②精制盐水的离子膜电解；③电解产品后处理：联产的氯氢气的处理、碱液浓缩蒸发、液氯的生产等工作。

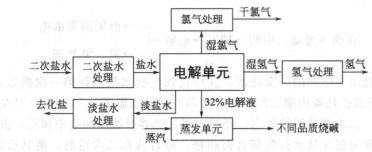

图 2-15 离子膜法制烧碱工艺流程框图

(二) 生产工序及生产流程描述

1. 生产工序概述

离子膜法生产氯碱主要工序有：盐场、盐水、离子膜电解、片碱、蒸煮工序、水气等生产工序，还有一个生产辅助工序，电槽检修工序即修槽工序。工序下设岗位，见表2-13。

表 2-13 离子膜法氯碱生产车间主要生产工序及相关岗位

生产工序	生产岗位
盐场工序	吊车岗位、供盐岗位、推土机岗位
盐水工序	精制化盐岗位、澄清岗位、中和岗、新中和岗位、洗泥岗位、碳酸钡岗位
离子膜工序	精制岗位、中控岗位、看槽岗位、脱氯岗位、纯水岗位、空压机岗位
片碱工序	中控室岗位、现场岗位、包装岗位、叉车岗位
蒸煮工序	澄清岗位、洗槽车岗位
水气工序	空压站岗位、蒸发循环水岗位、片碱循环水岗位
修槽工序	安装组、组装组、制膜组

2. 生产流程叙述

（1）盐场工序 原盐通过火车运到盐场，由盐场龙门吊抓斗送入集盐场，然后用皮带运输机将原盐连续不断地送入化盐桶内。

（2）盐水工序

化盐——→精制——→澄清——→过滤

① 化盐 原盐自化盐桶顶部加入，化盐用的淡盐水由化盐泵抽出送入化盐桶。该淡盐水是用回收液、洗泥水、蒸发冷凝热水、离子膜淡盐水及碳酸钡悬浮液等按规定指标配制的。

② 精制 饱和粗盐水自化盐桶出来自流入精制反应桶内，向桶内加入纯碱和助沉剂以及补加电解液，精制反应生成的难溶性 $Mg(OH)_2$、$CaCO_3$、$BaSO_4$ 等难溶性颗粒悬浮在盐水中。

③ 澄清 自精制反应桶出来的浑盐水自流入道尔式澄清桶，自澄清桶上部溢流出来的盐水即为清盐水，由砂滤泵送入砂滤器中。

④ 过滤 在砂滤器中，利用砂层的截留作用进一步除掉澄清盐水中的微量悬浮物而得到更清的盐水，用泵送至离子膜界区进行二次精制。

(3) 离子膜工序

$$\text{预热} \rightarrow \text{过滤、中和} \rightarrow \text{精制} \rightarrow \text{电解} \rightarrow \begin{array}{l} \text{液碱蒸发浓缩} \\ \text{氯、氢处理} \end{array}$$

① 预热 自盐水工序来的一次盐水，先经过氯气盐水换热器第一次换热，与高温湿氯气换热后；再在板式换热器内第二次换热，用蒸汽将盐水温度升至56~65℃左右。

② 过滤中和 二次预热后的盐水，经过白煤过滤器过滤及加酸中和后，去精制。

③ 精制 用泵将过滤盐水打到螯合树脂塔，进行盐水二次精制，精制后盐水送入两个盐水高位槽。

④ 电解 二次精制后的盐水，可以经过板式换热器，用蒸汽将盐水加热至合适温度后，进入电槽阳极侧，参加电解反应。电槽阴极侧产生的32%流出碱储存在半成品碱罐内，用泵打到片碱工序进行浓缩；电槽阳极侧产生的淡盐水由于含有游离的氯气，需经过物理脱氯、化学脱氯以及氯酸盐分解后，将盐水打到盐水工序化盐。

⑤ 氯、氢处理 由化学反应生成的湿氯气约90℃，经槽盖上的氯气连接管进入单列氯气管再进入氯气总管；由化学反应生成的湿氢气约90℃，经阴极箱上部的氢气出口进入断电连接胶管，再进入单列氢气管，最后汇集到氢气总管。

(4) 片碱工序 离子膜固碱生产一般分为两步，第一步是离子膜电解来的碱液在降膜蒸发器内进行真空蒸发，浓度由32%左右浓缩至45%，加热源采用蒸汽；第二步是45%碱液在常压下通过降膜浓缩器，以熔融盐为载热体，加热浓缩成熔融碱，再经片碱机制成片状固碱。

思考与练习

1. 试述离子膜法生产氯碱的主要工艺过程。
2. 离子膜法生产氯碱有哪些主要生产工序？
3. 盐水二次精制主要包括哪些生产过程？它是在哪个生产工序完成的？

五、氯碱安全生产技术

安全生产意义重大，劳动安全一般是指在生产劳动过程中，防止中毒、触电、机械伤害、车辆伤害、坠落、塌陷、爆炸、火灾等危及劳动者人身安全的事故发生；劳动卫生一般是指对劳动过程中不良劳动条件和各种有毒有害物质使劳动者身体健康受到危害，或者引起职业病的防范。

(一) 氯碱生产安全事故案例

1. 酸、碱烧伤事故

案例1 1996年4月，某氯碱厂，夜班一套分离机加料管堵塞导致高位槽跑料，工段长酒后到厂检查，在帮助岗位人员清扫物料时，没有佩戴封闭防护眼镜，不慎滑倒，碱液溅入眼睛，将双眼烧伤。经医院治疗后，左眼痊愈但右眼失明。

案例2 2009年4月，某氯碱厂，分离机操作工接班后发

危险化学烧伤
Danger/chemical burn

当心腐蚀
Warning corrosion

现高位槽满流管堵塞，在疏通过程中，仅佩戴平光镜，没有按规定佩戴封闭防护眼镜，因热水压力过高，水流冲向罐体内壁，夹带碱液返溅回满流管，将操作工左眼睛烧伤，经医院治疗终因医治无效左眼失明。

案例 3 看槽岗位操作工，在停电检修期间的工作中，替氯干燥岗位更换硫酸转子流量计，在松螺栓时，其选择优先松动接近自己一方的螺栓，管内残存的硫酸溅出，造成皮肤烧伤。

酸、碱烧伤事故案例分析见表 2-14。

表 2-14 酸、碱烧伤事故案例分析

案 例	事 故 分 析	整 改 措 施
案例 1	当事人安全意识不强 没有佩戴面罩或封闭眼镜	凡有接触酸碱生产介质的作业，规定必须佩戴封闭防护眼镜
案例 2	违反规定酒后上岗	员工不得酒后上岗 工段长或临时到厂的检修人员，是否酒后必须由值班长确认
案例 3	当事人安全意识不强 检修人员安排不当 危险源辨识不清 检修操作不正确 现场没有准备足够的清水	酸碱岗位检修时，规定工段长要在现场监督 一定要备有清水

2. 蒸汽烫伤事故

案例 1 2003 年 9 月，蒸发岗位操作工，停电检修完毕后，第二套蒸发装置准备开始运行。在开蒸汽阀门时，因排水不净造成蒸汽气锤，垫崩开，蒸汽喷出将其下肢烫伤。

案例 2 2009 年 5 月，蒸发班长岗位，在用热水打备用碱泵时，由于厂房地面存积碱水，地表湿滑，不慎滑倒，身体大面积被热水烫伤。

蒸汽烫伤事故案例分析见表 2-15。

表 2-15 蒸汽烫伤事故案例分析

案 例	事 故 分 析	整 改 措 施
案例 1	当事人安全意识不强 没有对物料处理情况进行确认 急于进行下一步操作或检修	完善了岗位操作规定 加强员工安全意识的培训，要求员工在保证危险源辨识清楚的情况下进行操作
案例 2	当事人安全意识不强 对危险源辨识不清 未创造良好的周围环境 不清楚周围环境贸然操作	检查现场地面 加强设备管理 进行事故案例学习，加强分辨风险的能力

3. 电击伤人事故

案例 1 机修焊工、机修管工，处理长期停用蒸发加热罐，当时由日勤班长带领处理物料，由于责任心不强，管内物料没处理干净就通知机修物料已处理完毕，可以开始检修。在用电焊切割掉最后一个螺丝后，管内碱水冲开人孔盖，将焊工冲倒，造成触电死亡。机修管工双眼烧伤，其他几人身体部分烧伤，住院治疗。

案例 2 组装工在电解室工作时，由于走路未注意脚下有设备散件，被绊倒，正好倒在水极板上，造成连电，被电击及烫伤。

电击伤人事故案例分析见表 2-16。

表 2-16 电击伤人事故案例分析

案 例	事 故 分 析	整 改 措 施
案例 1	当事人违章操作，物料处理没有得到确认的情况下贸然进行操作	采取正确的工艺处理方式 增强员工的安全意识的教育 坚决执行安全检修的相关规定
案例 2	当事人安全意识不强 现场混乱	加强对员工安全意识的教育 加强地面、现场的检查 进行事故案例的学习，强调员工风险分辨的能力

4. 机械创伤事故

案例 1 2002 年 5 月，盐水工段班长在使用电葫芦吊碳酸钡时，发现电葫芦钢丝绳绞在一起，违反安全操作规定自行检修，结果造成左手中指绞伤。

案例 2 2008 年 9 月，机修钳工在安装备泵时，为方便直接用手锤击轴承，铁屑崩进左手，造成左手骨折。

案例 3 电工在更换离子膜 P401B 电机轴承时，左手无名指砸伤。

机械创伤事故案例分析见表 2-17。

表 2-17 机械创伤事故案例分析

案 例	事 故 分 析	整 改 措 施
案例 1	当事人安全意识不强	加强对员工安全意识的教育
案例 2	未创造良好的操作环境	创造良好的作业环境，防止在作业中存在侥幸心理，避免疲劳作业
案例 3	操作程序不适当，投机取巧，违章操作	严格执行安全操作规定，禁止蛮干

5. 滑倒、跌落事故

案例 1 2008 年 8 月，机修起重工在离子膜搭架子时，上方下水管断裂，紧急躲闪，从 2.5 米高处跳下，造成左脚骨折。

案例 2 2010 年 2 月，巡检员到盐场吊车现场巡检，走出休息室时，由于门口地面湿滑，不慎滑倒，造成右腿骨折。

案例 3 2008 年 9 月，分析工在电解槽取样完毕，下电解槽时，由于靴子大不合脚，卡在槽牙与卡子中间，身体失去平衡，从电解槽上掉下，造成踝骨骨折。

滑倒、跌落事故案例分析见表 2-18。

表 2-18 滑倒、跌落事故案例分析

案 例	事 故 分 析	整 改 措 施
案例 1	当事人安全意识不强 现场的危险源辨识不清,当周围环境发生了变化时,没有再次对危险源进行重新确认 未要求创造良好的现场检修、操作环境 暴露了员工习惯性心理十分严重,盲从现象普遍的情况,大多数存在侥幸、省事的心理 未严格执行护具佩戴管理规定	加强对各岗位员工的培训学习 增强岗位的安全意识 严格执行登高作业的管理规定 保证劳动护具的有效性、实用性
案例 2		
案例 3		

6. 异常紧急危险事故

案例 1 隔膜系统开车后,氯压机岗位未关闭离子膜小回流阀,当送电时,新氯干燥发生氯气外泄。

案例 2 5#氯压机本机回流阀失灵。

案例 3 罗茨风机电流波动。

事故经过:2008 年 8 月,氢气二次冷却塔放水开关堵塞,岗位人员发现不及时,造成塔内大量存水,罗茨风机电流波动。

案例 4 稀酸冷却器爆鸣。

事故经过:准备更换稀酸冷却器盘管,在切割封头的螺栓时,发生爆鸣。

案例 5 氯气泡罩塔爆沸。

事故经过:停电大修完毕隔膜系统准备开车前,对新安装的一台氯气泡罩塔(PVC 材质,耐温 60℃)上水进行试漏,塔板软化,发生坍塌。

异常紧急危险事故案例分析见表 2-19。

表 2-19 异常紧急危险事故案例分析

案 例	事 故 分 析	整 改 措 施
案例 1	当事人责任心不强开车前检查不到位,安全环保意识淡薄 操作中未关闭离子膜小回流阀,导致隔膜系统的氯气窜入停车的离子膜系统中,造成氯气外泄	加强员工安全环保意识培训,严格执行氯压机开车确认制度,提高岗位的操作技能
案例 2	事故发生主要是由于 5#氯压机手操器发生故障,将本机回流关闭,使电解槽压力出现较大负压,岗位员工及时发现,通过调节其他阀门,将电解槽压力调回正常值,避免了氯气含氢过大的危险现象	保证员工坚守岗位,注意力集中,保证随时能够发现异常现象 加强员工的技能培训,使员工能够及时判断故障来源,采取正确的处理措施
案例 3	岗位巡检不及时或巡检走过场,没起到对关键设备、指标的检查作用 对事故的危害性不了解	制定值班长每班重点检查内容,加大对关键点的检查力度和考核力度 加强对岗位员工的技能培训
案例 4	没有岗位危险意识 没掌握物料的物理化学性质,由于泄漏,盘管内的浓硫酸泄漏到水中,形成稀硫酸,与罐内铁壁发生反应生产了氢气,由于该罐是封闭的,氢气聚集在罐的上部 动火前氢气没有被有效置换	加强对员工安全意识的培训,严格执行动火的管理规定 采取正确的工艺处理方式,凡与酸接触的设备、管路动火前,一定要用氮气置换,并做气体爆鸣分析 在封闭设备上要有排气口
案例 5	试漏后由于塔板溢流堰下的水没有排净,向塔内注入浓硫酸时,塔板上浓硫酸与水发生爆沸,温度超过 100℃,造成 PVC 塔板坍塌	增强岗位的安全意识 杜绝浓硫酸向水中加入 普及员工经常接触物质的物化性质

7. 跑氯扰民事故

案例1 1#氯压机主轴断，岗位人员没有及时要求离子膜停车，造成氯气外泄。

案例2 跑氯碱泵出口管断裂，岗位人员没有检查跑氯碱泵是否上碱，当送电时，造成氯气外泄。

案例3 1#氯压机跑氯管腐蚀出漏洞，岗位人员未及时发现，当倒氯压机时造成氯气外泄。

跑氯扰民事故案例分析见表2-20。

当心泄漏
Warning leakage

表2-20 跑氯扰民事故案例分析

案　　例	事　故　分　析	整　改　措　施
案例1	当事人没能真正将安全放在第一位 事故处理预案没有得到有效执行。	强化日常检查，强化突发事故的处理预案并严格执行 严格执行安全规定，氯气不能正常输送时，生产必须服从于安全，要立即停直流电
案例2		
案例3		

（二）氯碱生产车间岗位安全级别及主要有害物质

1. 各岗位的安全级别

（1）甲级　按火灾的危险性分类划分，电解室、氢气泵室、氢气冷却、干燥区、氯压机和冷冻岗位，为甲级，要严禁气体（氢气、氨气）外泄，禁止一切可能产生火花操作。生产中不准动火，按一级动火管理。

（2）乙级　除上述甲级防火区以外的厂其他岗位或区域，按火灾的危险性分类标准划分为乙级。生产中经处理后可以动火，按二级动火管理

2. 各类有害物质

各类有害物质主要有氯气、氨气、烧碱、硫酸、盐酸、石棉绒及油等。

厂房气允许的有毒有害气体浓度：

氯 $\leqslant 1 mg/m^3$；

氯化氢 $\leqslant 7.5 mg/m^3$；

氨 $\leqslant 30 mg/m^3$；

碱气（NaOH）$\leqslant 2.0 mg/m^3$。

对上面有害物质处理　要求氯气和氯化氢用碱中和，氨气、碱气用酸中和，不许直接排入大气；其他有害物质，加强工艺操作，消灭跑冒滴漏。

（三）氯碱生产安全总则

① 直接接触烧碱、纯碱、硫酸、盐酸、氨气、氯气、碳酸钡等对人的皮肤、眼睛、呼吸系统等器官有侵害作用的物质，操作人员要按规定着劳动护具。

② 凡入厂的工作人员，必须先进行安全教育，然后进入生产现场，操作工要经安全考试合格后才能独立顶岗。

③ 各种槽、罐要加盖板，高位槽、罐要设围栏。

④ 机械转动装置的传动部分，如对轮要设防护栏。

⑤ 各种槽、罐拆检前要进行处理、检查，并按要求办理进槽、罐安全作业证，处理过程小心喷溅、灼伤。
⑥ 设备管路上的温度、压力表等要按期校对，以确保安全及准确。
⑦ 电气设备操作工不准拆检。
⑧ 消防器材应放在取拿方便的固定地点，并设专人保管，经常检查，不准它用。
⑨ 禁止从高处向下抛物体。
⑩ 厂职工要有酸、碱的烧伤处理、触电救护及氯气中毒的抢救常识。
⑪ 操作工有权拒绝违章作业的指令。

（四）各工序的操作注意事项和安全防护方法

1. 盐场工序

① 盐斗原盐高度在笆子以上高度1.5m，操作时必须在走台上，不允许站在盐堆上。
② 下斗作业时，必须要求笆子露出$1m^2$以上的面积，并有人监护作业。
③ 吊车抓斗距离地面保持2.5m的高度，不准在斗下通行。
④ 皮带机运转时禁止跨越，排除杂物时必须停车操作。
⑤ 天车工开车前必须鸣铃，操作中也应适时鸣铃。

2. 盐水工序

① 皮带运盐机在运行中不准清理皮带、托滚上的积盐。
② 皮带运盐机、泵等转动设备运行中不准跨越。
③ 接触盐酸、电解液要注意防护。
④ 接触碳酸钡要执行碳酸钡的有关操作规定，防止中毒。

3. 离子膜工序

① 电解室内禁止一切火种（停电检修除外）。
② 电槽和输电线路无接地。
③ 单槽瓷瓶绝缘良好。
④ 电解室内检修时，不准铁器冲击、敲打。
⑤ 电槽氢气压力控制在0~200mm水柱范围内，氯气压力控制在0~50mm范围内。

4. 片碱工序

① 在熔盐电伴热系统送电期间，岗位人员必须穿绝缘靴，站在绝缘胶板上，戴绝缘手套操作。
② 严禁水、碱等物接触电伴热。
③ 熔盐存放避免与有机物质接触，以免引起骤燃或爆炸，不能用铜、银等容器取熔盐样品。
④ 进入现场必须佩带防护护具。

（五）氯碱生产防火、防爆

① 冷冻岗位，电解室，氢气系统各室，均属甲类防爆岗位。
② 易燃易爆的原料成品较多，尤其是氯氢混合物进入爆炸极限区，不仅明火或火花可以引起爆炸，就是光照和局部受热450~500℃时也可引爆，它们的爆炸极限见表2-21。

当心爆炸

当心火灾

表 2-21 氯碱车间气体爆炸极限

气体组成	爆炸极限/%	含气体成分
氨与空气	15.7～27.4	NH_3
氨与氧气	13.5～79	
燃料油（蒸气）	0.7～5	油蒸气与空气
原油（蒸气）	1.5～46	
乙炔与空气	2.3～82	C_2H_2
乙炔与氧气	2.8～93	
氢气与空气	4.1～75	H_2
氢气与氧气	4.5～95	
氢气与氯气	5～87	H_2

③ 任何人不得把火源及火种带入甲级防爆区，不得穿化纤衣服和带钉子的鞋进入该区，不得随意碰撞、砸击铁水泥、岩石部位，不得在该区吸烟。

④ 岗位人员，分析工检修人员等任何人，不管什么原因，不许在开车时把手电带入冷冻或电解及氢气系统各室的岗位与现场。

⑤ 任何机动车不准开进冷冻，电解及氢气系统厂房内及厂房处 10m 内的区域，否则报经主管部门批准，采取措施后可开入该区域。

⑥ 氢气系统均要安静电接地装置，每年由岗位人员彻底检查一次，电解室，氢气系统及氨系统各岗位必须有足够的天窗。

⑦ 电解厂房要安装有适当数量的避雷装置。每年由电工检修一次。

⑧ 氨气、氯气不能排入空气中，要经处理排出系统外，氢气不能排入室内，室外排空管出口要比厂房的最高处高 3m，且要安有阻火器。

⑨ 氢气断电并着火，迅速断开后，封死支管入口，单槽氢气可暂时放空，再灭火，其他氢气系统着火务必使着火点正压，不许平压，负压操作，不许切断着火部位，如要切断，需往着火部位里先通入氮气后，再切断，对氢气着火部位周围的易燃易爆设备要采取紧急措施严加保护。

⑩ 扑救火灾的器材有如下要求
   a. 氢气着火要用大于 3MPa 以上的水、氮气及蒸气扑灭。
   b. 电器设备着火可用 CCl_4 扑救，也可用 1121 灭火剂或干粉灭火剂扑灭。
   c. 油着火用 $3kg/cm^2$ 的氮气、干粉、灭火剂、泡沫灭火剂或干粉灭火剂扑救。
   d. 油类或相对密度小于等于 1 的各种有机物及电器设备、照明等，均不可以用水浇，要用其他灭火器材扑救。
   e. 其他设备和厂房着火可用一般灭火器、水、蒸汽、氮气扑救均可。
   f. 不同的生产岗位与部位，根据生产及物料的性质，设立足够的防火器材，由专人负责，每三个月进行一次全面检查，维护。

（六）氯碱生产安全救护

① 接触直流电时，穿耐压靴来救护者可直接断开触电部位，没穿耐压靴来救护者要用非导体断开触电部位之后送医院抢救。

② 有中暑者，及时送医院抢救、治疗，在以后的操作中尽量少安排高温作业。

③ 被酸碱烧伤者，立即就近用自来水或上水快速洗净之后再送医院治疗，决不能自己乱用碱酸中和处理，或拖延耽误时间。

④ 非岗位人员要遇有氯气大量外泄时，而又无防毒面具，要尽量屏住呼吸，快速侧风离开现场至上风区，切忌顺风逃离。

⑤ 被氯气呛伤者，首先到通风良好、没有氯气的地方休息，换去身上全部工作服，喝适当的解氯药水，严重者送医院检查治疗，在家休息或治疗期经常喝一些适当的含二氧化碳及乙醇类的饮料为宜。

⑥ 碳酸钡与皮肤接触后，脱去污染的衣着，用流动清水冲洗。与眼睛接触后，立即提起眼睑，用流动清水冲洗。误食入碳酸钡后，应迅速脱离现场至空气新鲜处，必要时进行人工呼吸，应迅速服用温水或5%硫酸钠溶液洗胃，导泻，就医。

（七）"三废"排放

1. 废气处理

① 对碱储罐及碱槽设置排气筒，对释放的碱气集中排放户外；
② 对开、停车系统的淡氯气通过跑氯装置进行处理；
③ 对烟道气通过调节风油比例进行控制。

2. 废液处理

① 用清洗碱罐及槽车的废水及跑氯废碱与氯气反应，制成次氯酸钠，避免造成环境污染。
② 对生产过程中产生的废碱、废酸、反洗水等通过污水管网送到水处理工序处理合格后排放。
③ 分析试样废液集中进行酸碱中和处理合格后排放。
④ 新、老氯气干燥装置的氯气凝水集中送到离子膜真空脱氯装置处理。

3. 危险废物处理

① 稀硫酸可做电瓶液外售，还可用于其他生产过程，如氢气冷却塔除垢、下水中和处理等。
② 石棉绒经过滤后，集中储存，统一进行销毁。

"三废"排放环保指标见表2-22。

表2-22　"三废"排放环保指标

类　别	指　标
水污染物排放	pH：6～9 油：≤20mg/L SS：≤300 mg/L COD：≤300 mg/L 氯化物≤1000mg/L
厂房空气尘毒排放	氯气：≤1 mg/m³ 氯化氢：≤7.5 mg/m³ 氨：≤30mg/m³ 碱气（NaOH）：≤2.0mg/m³

任务三 了解盐水工段生产技术

任务描述

作为盐水工段岗位操作工,你应理解盐水工段生产工艺操作过程;了解盐水工段主要生产岗位,掌握相关岗位操作法,具备岗位所需安全生产知识与操作技能;理解本岗位主要职责,能按岗位要求完成生产任务。

一、盐水工段工艺流程

原盐经盐水工段精制后送离子膜电解或隔膜电解生产烧碱、氯气和氢气。盐水工段主要岗位包括澄清、碳酸钡、新中和、送碱及精制、洗泥、中和等。

1. 盐水工序流程示意图

盐水工序流程见图 2-16。

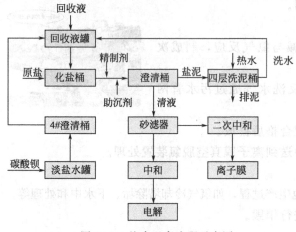

图 2-16 盐水工序流程示意图

各岗位操作目的及意义如下。

(1) 化盐　制备饱和粗盐水,稳定盐水浓度和温度。

(2) 精制　向粗盐水中分别精确加入精制剂和助沉剂,使之与盐水中镁离子、钙离子完全反应,并生成沉淀,在澄清桶中除去盐水中的泥沙、不溶物和镁离子、钙离子,以初步满足电解工序对盐水的质量要求。

(3) 澄清　精制反应后的浑浊盐水,沿直流槽流入澄清桶,盐水中的杂质颗粒经凝聚后沉降于桶底,而清液上升到桶上层,使杂质与清液分开,从而得到电解工序所需要的精盐水。

(4) 中和　因为碱性盐水进电槽,引起电槽阳极副反应严重,所以采用盐酸中和过碱量,确保进槽盐水显微碱性。

(5) 洗泥　从澄清桶排出的盐泥含盐较高,利用四层洗泥桶回收盐泥中含盐,回收洗泥水,送到三效逆流工段,这样降低烧碱成本,节约国家资源。

(6) 新中和　将盐水工序制备的精制盐水输送给离子膜工序,并将离子膜工序过滤器反洗后的反洗水送回至回收液罐进行再利用。

(7) 碳酸钡精制操作　盐水系统中的硫酸根严重影响电解槽的正常运行及膜的寿命,用碳酸钡与硫酸根反应生成硫酸钡沉淀除去硫酸根,以满足电解工序对盐水质量的要求。

2. 各岗位主要中控指标

(1) 化盐精制岗位　化盐温度:(55±10)℃;浓度:310.0~320.0g/L;过碱:0.3~1.00g/L;过灰:0.3~1.00g/L

(2) 澄清岗位　温度：(50 ± 10)℃；清液层高度：$\geqslant 2.5m$；Ca^{2+}、$Mg^{2+}\leqslant 7.00mg/L$

(3) 中和岗位　Ca^{2+}、$Mg^{2+}\leqslant 5.00mg/L$；过碱：$0.08\sim 0.12g/l$；$SO_4^{2-}\leqslant 10.00g/L$

(4) 洗泥岗位　纯碱浓度：$\geqslant 200.0g/L$；排泥含盐：$\leqslant 7.0g/L$；洗水含盐：$\geqslant 20.00g/L$

二、了解盐水工段岗位职责

盐水工段岗位职责见表 2-23。

表 2-23　盐水工段岗位职责

岗 位 名 称	岗 位 主 要 职 责
班长、澄清、碳酸钡、新中和、送碱	澄清桶的巡检取样工作 新中和地槽液位监督调试工作 碳酸钡（或氯化钡）的加入及监控调节工作 直流槽捞草工作 班组安全生产、填写台账、考勤、班组管理检查工作 负责所属设备，澄清桶、液下泵、减速机、循环泵、电解液罐的维护保养工作
精制	每小时巡检一次，填写质量记录 化盐桶及直流槽捞草工作 助沉剂的加入工作 保持化盐桶内盐层的工作
洗泥	运盐机皮带残盐清理工作 澄清桶排泥工作 碳酸钡（或氯化钡）的加入工作 纯碱溶液的配制工作 负责所属设备，四层洗泥桶、盐泥泵、热水泵、纯碱地下储槽、纯碱液下泵的维护保养工作
中和	每小时巡检一次，检查电解液罐液位，砂滤器压力，中和反应槽测 pH 的工作 电解液罐区环境维护工作 中和过碱酸加入量的调节工作 砂滤器返洗工作 负责所属设备，中和泵、沙滤泵、中和盐水地槽、中和反应槽、砂滤器、砂滤器返洗泵的维护保养工作
挖槽、替班	化盐桶盐泥清理工作 替班工作 动火监护、现场卫生清理工作

三、化盐精制岗位操作

1. 开车前准备工作

① 与盐场工段、分离机岗位、班长取得联系，作好开车前准备工作；

② 检查各设备、管道及阀门（包括自动阀门）是否好用，检查皮带机轮滚是否灵活好用；

③ 检查蒸汽压力及开关（调节阀）是否正常；

④ 各指示及控制仪表是否正常工作；

⑤ 检查回收液罐、淡盐水罐液量是否够用；

⑥ 检查碳酸钠小罐、地碱槽、碱小罐及助沉剂小罐内液量是否够用，阀门是否好用；
⑦ 检查回收液质量　温度≥40℃，NaOH≤4.00g/L，NaCl≥100.0g/L，液位≥1m；
⑧ 检查淡盐水质量　液位≥1m。

2. 开车操作

① 按电门启动皮带运盐机，把控制开关拨至自控位置，在正常情况下连续加盐至规定高度，注意皮带运盐机负载电流是否在规定范围内；

② 打开回收液罐出口阀门及化盐泵入口阀门，盘动泵对轮无异常现象时，启动电机，打开出口阀门及渐渐打开化盐桶入口阀门；

③ 待粗饱和盐水从化盐溢流口自流至直流槽后，打开碳酸钠小罐出口阀门，往直流槽内补加碳酸钠溶液，其流量≤20m³/h，通过分析调整过灰量在控制范围内；

④ 通过分析调整粗盐水过碱量在控制范围内，回收液含碱小时，打开碱小罐出口阀门，加入氢氧化钠；

⑤ 连续往粗盐水中加入助沉剂，加入量控制在≤20m³/h范围内；

⑥ 打开蒸汽管路排水阀，保证蒸汽管路内凝水排尽，排水阀有蒸汽排出后，缓慢打开化盐桶蒸汽阀门，关闭蒸汽管路排水阀；

⑦ 检查调节蒸汽阀门及自动控制仪表，保持化盐温度及精制反应桶出口温度在（55±10)℃。

3. 正常操作

① 根据电解工序对盐水需要量控制化盐速度（通过化盐泵出口阀门调节）。粗盐水中含盐量控制在合格范围内；

② 经常抽查粗盐水的过碱、过灰量，调节控制在规定范围内；

③ 经常检查回收液罐、淡盐水罐液位，当液位偏低时，与值班长联系增加回收液输送量；

④ 保证粗盐水的浓度，当盐水浓度偏高时，可适当加热水调节粗盐水浓度在规定范围内；

⑤ 定期配制助沉剂水溶液，并不断按要求加入助沉剂；

⑥ 每小时认真进行巡回检查，填写质量记录，发现异常情况及时处理，并逐级汇报；

⑦ 定期分析化盐用水中无机铵和总铵含量，保证安全。

4. 停车操作

① 与盐场供盐岗位、蒸发顺、逆流分离机岗位人员及班长取得联系；

② 停皮带运盐机和自动上盐仪表开关；

③ 关闭化盐用蒸汽自控阀门及手动阀门；

④ 相继关闭化盐泵出口阀门，电机和入口阀门；

⑤ 关闭助沉剂、碳酸钠小罐及碱小罐出口阀门。

5. 助沉剂配制操作方法

① 按8～12g/10m³盐水流量，将助沉剂溶解于溶解罐内；

② 加助沉剂同时加水，并进行搅拌，加水到溶解罐离上沿约100mm为止，搅拌到助沉剂溶解为止；

③ 将助沉剂定量打入配液小罐，同时开风管进行搅拌，直至小罐打满；

④ 助沉剂按每班约3小罐的总量加入，流量控制均匀。

6. 洗桶操作

① 每班分析单桶浓度，该桶盐水浓度在其他条件正常情况下，浓度低于规定范围，而洗桶间隔又超过20天以上时要进行洗桶；

② 洗桶时，首先停止加盐，若洗 2#、3# 化盐桶，将挡板固定吊起，若洗 1# 化盐桶则在皮带闸上挡板，以免人工清理化盐桶时盐运进化盐桶内砸伤人；

③ 打开热水泵入口阀门，盘动泵对轮无异常现象时，启动电机，打开泵出口阀门，然后将化盐桶上方溢流口闸死，将洗水用热水泵抽出送入回收液罐（接通钢丝胶管与热水泵入口，将另一端插入欲洗化盐桶内）；

④ 关闭化盐桶的入口阀门，打开冷水进桶阀门，连续洗涤，取上部水样分析至含盐低于 20g/L 时，关闭冷水泵阀门取出抽盐水的临时钢丝胶管；

⑤ 将盐泥坎的挡板安装好，小心打开化盐桶底部人孔盖（站好位置避免被水流冲倒），将高压水枪接至化盐桶上部，先开冷水阀门用热水泵抽冷水，盘动泵对轮无异常现象时，启动电机，打开接水枪的阀门；

⑥ 将没有流走的盐泥用水枪冲走至桶内基本干净，无杂物为止，然后关上水泵，取出水枪，上好化盐桶底部人孔盖，等待开车（如水枪冲不走的部分盐泥应人工继续清理干净，检查盐水入桶分液装置并清理）。

7. 紧急停车操作

突然停动力电及停水时要关闭所有的电源开关及各阀门，同时通知班长和值班长。若5分钟内不能开车，则在值班长统一指挥下，按正常停车处理，同时汇报调度。

四、异常现象及故障排除

盐水工段化盐精制、澄清、中和、洗泥岗位异常现象级故障排除见表 2-24～表 2-27。

表 2-24 化盐岗位异常现象及故障排除

编号	异常现象	原因	处理方法
1	粗盐水浓度低	1. 化盐桶内盐层低 2. 化盐桶内存泥过多 3. 分液装置部分堵塞 4. 化盐生产强度偏大 5. 原盐含杂质多 6. 回收盐水含硫酸根较高 7. 化盐温度较低	1. 多上盐，提高盐层 2. 停车洗槽 3. 停车检修分液装置 4. 调小化盐泵入口阀，减少淡盐水量 5. 好坏盐混合上盐 6. 联系除硫酸根 7. 调大蒸汽阀门慢慢提高化盐温度

表 2-25 澄清岗位异常现象及故障排除

编号	异常现象	原因	处理方法
1	澄清桶反浑	1. 盐水浓度波动大 2. 盐水温度波动大 3. 盐水过碱量小 4. 盐水过灰量小 5. 流量波动大 6. 助沉剂加入量少或中断 7. 排泥不均 8. 原盐质量不佳或突变	1. 控制化盐精制浓度稳定 2. 控制化盐温度稳定 3. 按规定控制精制过碱量 4. 按规定控制精制过灰量 5. 控制入口流量稳定 6. 调大助沉剂加入量保持连续稳定加入助沉剂 7. 控制排泥量并及时排泥 8. 好坏盐混合上盐

编号	异常现象	原　因	处理方法
2	清液层低	1. 排泥量小 2. 澄清桶反浑	1. 加大排泥量 2. 参照澄清桶反浑现象处理

表 2-26　中和岗位异常现象及故障排除

编号	异常现象	原　因	处理方法
1	过滤后盐水含镁离子、钙离子量增大	1. 滤料层截留物太多 2. 滤料层高度小 3. 盐水分布不均	1. 进行强制反洗 2. 停车加细砂提高滤料层高度 3. 停车检修分液装置
2	中和过酸	1. 盐酸加入量过大 2. 盐水含碱小 3. 盐水流量小	1. 减少盐酸加入量 2. 减少盐酸加入量 3. 减少盐酸加入量

表 2-27　洗泥岗位异常现象及故障排除

编号	异常现象	原　因	处理方法
1	排泥含盐高	1. 加泥多，加热水少 2. 加泥不连续	1. 控制泥水比 2. 连续加泥加水
2	洗水浑浊	1. 加水量过大，上升速度大 2. 各层下泥堵塞、存泥 3. 一次排泥量过多	1. 减少加水量 2. 减少加泥量或停车检修 3. 均匀多次排泥

五、盐水工段安全生产技术

1. 碳酸钡操作安全注意事项

① 生产中注意设备管道密闭性，防止跑冒滴漏。

② 保证厂房有良好的通风。

③ 对于偶然散失的碳酸钡要进行回收。

④ 操作工工作时应佩带橡胶手套、防毒面具等护具。

2. 班长澄清岗位安全操作规定

① 上岗前必须佩戴劳动护具、上岗证、提前十分钟参加班前会。

② 严格交接班，若发现问题及时处理、解决，接班人未到交班人不许离岗。

③ 必须按岗位责任制及操作法进行操作，不得任意更改或超越控制条件进行操作。

④ 组织和指挥本班安全生产工作，保证本班产量，使中和大罐盐水液位满足电解工段需要。

⑤ 时刻掌握澄清桶盐水温度，沉降情况及减速机的运行情况，确保盐水温度（50±10)℃；镁、钙离子≤7.00mg/L。

⑥ 掌握全班设备情况，包括运行、注油、开停泵情况。

⑦ 转动设备的压兰均不得开车更换填料，必须在停车后进行。

⑧ 检修设备必须拉下电源开关（刀闸），并挂停车检修牌。进罐操作必须办好各种票证，将与罐体连接的物料管阀门关上并打盲板，方可指挥进罐操作。

⑨ 处理运盐皮带跑偏时，检查调整人员衣服，不得敞怀、不得戴手套、如有违章操作应立即制止，改正后方可操作。

3. 化盐精制岗位安全操作规定

① 必须佩戴劳动护具，上岗证，提前 10min 参加班前会。
② 严格交接班，若发现问题及时处理、解决，接班人未到交班人不许离岗。
③ 必须按岗位责任制及操作法进行操作，不得任意更改或超越控制条件进行操作。
④ 皮带机运盐时，不许清理皮带下散盐、异物，不许搬动皮带。
⑤ 转动设备均要定期、定量、注（涂）油，各备泵每班要盘车一次。
⑥ 转动设备的压兰均不得开车更换填料，必须停车后进行。
⑦ 泵检修时要拉下电源开关（刀闸），并挂停车检修牌。

4. （新）中和岗位安全操作规定

① 上岗前必须佩戴劳动护具、上岗证，提前十分钟参加班前会。
② 交接班若发现问题应及时处理、解决，接班人未到交班人不许离岗。
③ 必须按岗位责任制及操作法进行操作，不得任意更改或超越控制条件进行操作。
④ 转动设备均要定期、定量、定质注（涂）油，各备泵每班要盘车一次。
⑤ 转动设备的卡兰均不得开车更换填料，必须停车后进行。
⑥ 泵检修时要拉下电器刀闸，并挂停车检修牌。
⑦ 生产中注意设备管道密闭性，防止跑冒滴漏。
⑧ 操作工工作时应佩带橡胶手套、防护眼镜等护具。
⑨ 地面散落盐酸时，要进行中和处理，避免环境污染。

5. 洗泥岗位安全操作规定

① 上岗前必须佩戴劳动护具、上岗证，提前十分钟参加班前会。
② 严格交接班，若发现问题及时处理、解决，接班人未到交班人不许离岗。
③ 必须按岗位责任制及操作法进行操作，不得任意更改或超越控制条件进行操作。
④ 转动设备均要定期、定量、定质注油、备泵每班盘车 1 次。
⑤ 转动设备的卡兰，不得开车更换密封填料，必须停车后进行。
⑥ 各泵检修时，必须拉下电源开关（刀闸）等，并挂停车牌后进行。
⑦ 保证厂房有良好的通风，防止夏季高温中暑

思考与练习

1. 盐水工段主要岗位？精制岗位操作目的及意义。
2. 精制岗位主要职责？
3. 试述盐水工段工艺流程。盐水为什么要除 Ca^{2+}、Mg^{2+}、SO_4^{2-}？脱除方法有哪些？
4. 离子膜法生产氯碱所需盐水为什么要二次精制？
5. 讨论化盐精制岗位安全操作规定。

附表 盐水工段工艺记录卡（见表 2-28 及表 2-29）

表 2-28 一次盐水生产岗位操作控制原始记录

指标 项目 时间	化盐水温度/℃	凯膜过滤器				精制剂加入量			进上浮流量		中间灌液位/%	粗盐水			一次盐水			液位/m
		A		B		NaOH/%	Na$_2$CO$_3$/(g/L)	FeCl$_3$/(L/h)	A	B		NaOH/(g/L)	Na$_2$CO$_3$/(g/L)	水质	NaOH/(g/L)	Na$_2$CO$_3$/(g/L)	水质	
		流量/(m^3/h)	压力/MPa	流量/(m^3/h)	压力/MPa													
8:00																		
9:00																		
10:00																		
11:00																		
12:00																		
13:00																		
14:00																		
15:00																		
16:00																		
17:00																		
18:00																		
19:00																		
20:00																		
21:00																		
22:00																		
23:00																		
0:00																		
1:00																		
2:00																		
3:00																		
4:00																		
5:00																		
6:00																		
7:00																		

指标 时间	项目	9:00	13:00	17:00	21:00	1:00	5:00
	NaCl/(g/L)						
	NaOH/(g/L)						
	Na$_2$CO$_3$/(g/L)						
	T·H/(mg/kg)						
	S·S/(mg/kg)						
	精盐水 SO$_4^{2-}$/(g/L)						

生产纪要

白班：　　　　　　　　　　　　　　　　值班人员　　　　　　　　记录员

中班：　　　　　　　　　　　　　　　　值班人员　　　　　　　　记录员

夜班：　　　　　　　　　　　　　　　　值班人员　　　　　　　　记录员

表 2-29 盐水二次精制岗位操作原始记录

项目	一次盐水			树脂塔				号盐水过滤机		进槽盐水	浓盐水处理系统			进槽烧碱
指标 时间	流量 /(m³/h)	温度/℃	压力/MPa	运行次序	出口压力/MPa			进口压力 /MPa	出口压力 /MPa	温度/℃	Na_2SO_3流量 /(L/h)	盐酸流量 /(L/h)	脱氯真空泵 /MPa	温度/℃
					A塔	B塔	C塔							

项目	电参数		公用工程			一次盐水			树脂塔	酸后盐水	脱盐盐水		滤后盐水
指标 时间	总电流 /kA	总电压 /V	仪表气压 力/MPa	蒸汽压力 /MPa	循环水压 力/MPa	硬度 /(mg/kg)	NaOH /(g/L)	Na_2CO_3 /(g/L)	主塔硬度 /(μg/kg)	pH	$NaSO_3$ /(mg/kg)	NaOH /(g/L)	S·S /(μg/kg)

任务四　了解离子膜工段生产技术

任务描述

作为离子膜工段岗位操作工,你应理解离子膜工段生产工艺操作过程;了解离子膜工段主要生产岗位,掌握相关岗位操作法,具备岗位所需安全生产知识与操作技能;理解本岗位主要职责,能按岗位要求完成生产任务。

一、离子膜工段工艺流程

经盐水工段第一次精制除掉大部分钙、镁、硫酸根离子的盐水送至离子膜工段,在这里盐水经过第二次精制,除掉微量钙、镁、硫酸根离子;二次精制的饱和食盐水送入离子膜电解槽的阳极室,同时向电解槽的阴极室提供纯水,通直流电进行电解反应,制取氢气、氯气和32%浓度的高纯烧碱。

离子膜工段主要岗位有:班长、精制、空压机;脱氯;看槽;中控;纯水;水处理;替班等。

1. 离子膜工序生产流程示意图

离子膜工序生产流程示意见图2-17。

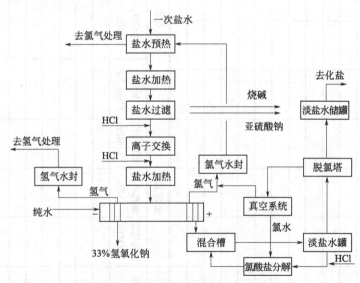

图 2-17　离子膜工序生产流程示意图

各岗位操作目的及意义如下。

(1) 看槽　本岗位是配合中控室操作人员,将经过二次精制的饱和食盐水送入离子膜电解槽的阳极室,同时向电解槽的阴极室提供纯水,通直流电进行电解反应,制取氢气、氯气和32%浓度的高纯烧碱。

(2) 精制　本岗位负责离子膜电槽纯水、纯酸的分配以及进料盐水的精制、所属设备以及正常运转与开停车的操作和日常分析的内容。

(3) 脱氯　本岗位负责配合中控室人员把从电解槽产出的阴极液输送到界区外,并提供电解槽阴极冲洗、开车及离子交换树脂塔再生时所需的烧碱；并负责将电解槽产出的含氯淡盐水进行脱氯处理，送到盐水工序化盐。

(4) 中心控制　离子膜中控岗位负责界区内各个工艺控制点的监测与调节，在发生异常现象时，及时通知相关岗位，进行调节。

(5) 纯水

本岗位是将工业水通过离子交换树脂，吸附处理得到电导率小于 $1\mu s/cm$ 的纯水，以供给离子膜工序、氯蜡分厂使用。

2. 各岗位主要中控指标

(1) 看槽岗位

① 电槽阳极液 200~230g/L；
② 阳极液 pH≥2.5；
③ 电槽温度 80~90℃；
④ 电槽阴极液 30~33.5%。

(2) 精制岗位

① 过滤后盐水 pH 8.00~11.00；
② 过滤后盐水钙镁≤10.00mg/L；
③ 过滤后盐水 SS 值≤2.00mg/kg；
④ 进槽盐水 SS 值≤1.00mg/kg；
⑤ 进槽盐水镁钙≤20.0mg/kg；
⑥ 进槽盐水浓度 300.0~320.0g/L。

(3) 脱氯岗位

① 淡盐水 pH 1.50~2.50；
② 氯酸盐分解塔含酸 5.00~10.00g/L；
③ 脱氯盐水含氯 0；
④ 脱氯盐水含碱≤1.00g/L。

(4) 纯水岗位

① 阳床出口≥600$\mu s/cm$；
② 阴床出口≤100$\mu s/cm$；pH≥7；
③ 混床出口≤1.00$\mu s/cm$。

二、了解离子膜工段岗位职责

离子膜工段岗位职责见表 2-30。

表 2-30　离子膜工段岗位职责

岗位名称	岗位主要职责
班长、精制、空压机	负责树脂塔再生工作 负责过滤器反洗工作 负责空压机正常运转的工作 负责新中和水槽液位调节工作 负责现场设备维护及现场环境清理的工作，泵、空压机组、塔、过滤器、水封、罐 每小时巡检一次，并填写工艺记录 异常情况处理

续表

岗位名称	岗位主要职责
脱氯	每小时巡检一次，填写工艺记录 负责 D201、D501、D502、D526、真空泵小罐的液位调节工作 负责配制亚硫酸钠溶液，并加入到淡盐水中进行化学脱氯 负责向淡盐水中加酸及碱，对淡盐水进行脱氯工作 在班维护所有转动设备及其他相关设备的工作，泵、罐、换热器、脱气塔、反应槽 异常情况处理
看槽	每小时巡检一次，并填写记录的工作 每 2 小时检测电槽流出碱及淡盐水浓度，保证电槽稳定运行 负责调节电槽氯气、氢气压力，保证电槽稳定运行 随时调节进槽盐水温度，保证电槽温度正常 负责对电槽、换热器的维护工作，保证电槽安全稳定运行。 异常情况处理
中控	每小时巡检一次，并填写工艺记录 随时观察各个监测点，保证各项工艺指标合格 负责和 518 联系，对电槽进行升降电流工作 随时监测界区内的氢气报警仪，及时发现现场氢气泄漏 确认报警电铃好用，并维护控制室内的计算机组 异常情况处理
纯水	负责纯水制备期间的取样分析及质量记录的填写工作 负责阴阳床及混床树脂再生工作 负责去 515 分厂联络打酸的工作 负责再生树脂用酸碱的领取工作 负责岗位设备泵、反应器、过滤器、储罐维护，现场环境维护工作
水处理	负责中和砂的加入及片碱的加入工作 负责合成酸罐加酸的工作 负责碱槽车碱水液位的监控工作 负责水处理过程中水流量及酸加入量的调节工作 负责每小时巡检一次，按时填写质量记录 负责所属设备，循环泵，提升泵，中和泵，鼓风机，加药泵，潜水泵的维护保养工作
替班	负责纯水岗位、水处理岗位人员的替班工作 负责本工段临时性工作及现场环境维护工作 负责设备检修、维护工作

三、异常现象及故障排除

（一）紧急情况的处理方法

注意：停电会终止氯气、氢气的产生，造成电槽压力变化，对膜力学性能十分有害；40A 极化电流应尽快接通，以避免氯气通过膜造成阴极腐蚀。

① 单元电压超过 4.0V，经现场用万用表实测确认后，做该列整流器跳闸处理。
② 电槽阳极液温度大于 92℃，经现场用温度计实测确认后，做该列整流器跳闸处理。
③ 纯水高位槽纯水经确认 20min 内供给不上，降电流停车。
④ 氯压机因故障停车，两列电槽立即跳闸。
⑤ 氢气泵故障停车，两列电槽立即跳闸。
⑥ 高位槽盐水物料任何原因供给不上，经确认 5min 内无法恢复，做降电流停车处理，

当高位槽液位降到12%时,双列整流器跳闸。

⑦ 由于DM508加酸故障,造成D507盐水PH低于7,电槽立即降电流停车。

⑧ 电槽停车后,DM505停止加酸。

⑨ 除槽开关温度高于160℃,做降电流处理,直至温度低于140℃,另行处理。

⑩ 电槽无论出现何种大的泄漏,该列整流器做跳闸处理;泄漏量较小的可用断电盘断电,保持运行。

⑪ 电路铜板有异物造成短路或接地,该列整流器做跳闸处理。

⑫ 事故停车原因未查清楚,事故未处理,禁止开车。

(二) 常见故障产生原因及处理方法

离子膜工段异常现象及故障排除见表2-31。

表2-31 离子膜工段异常现象及故障排除

故障	原因	处理方法
淡盐水浓度低	纯盐水供给量少	提高纯盐水供给量
	纯盐水浓度低	注意盐水饱和
淡盐水浓度高	供给盐水量多	减少纯盐水进料
碱浓度高	纯水加入量少	升高纯水加入量
碱浓度低	纯水量加入大	减少纯水加入量
槽温偏高	纯盐水温度高	关E519蒸汽阀门
	膜破裂,反应放热	停车换膜
	盐水流量低	增加盐水进料
	碱温度升高	加大纯水流量
	纯盐水浓度低	使盐水饱和
槽温下降	纯盐水温度低	开大E519阀门
	盐水流量高	降低盐水流速
槽电压升高	阳极液浓度超出200~230g/L	调整纯盐水流速及浓度
	碱浓度超出28%~30%	调整纯水加入量
	槽温降低	检查纯盐水流量温度及纯水流量
	纯盐水中Ca,Mg等杂质超标	提高二次精制效率
	纯水Fe含量大	改善纯水纯度
电流效率下降	碱浓度超出30.0%~33.5%	调整纯水加入量
	氯中含氢大	膜可能有针孔
	碱中含盐高	膜可能有针孔
	阳极液pH值高	加大酸加入量
	盐水不合格	提高精制效率
氯中含氧高	盐水pH值高	提高加酸量
	阳极电流效率下降	阳极涂层可能失活
碱中含盐高	电流密度低	提高电流
	电槽温度低	提高纯盐水温度、降低纯盐水流量
	阳极液浓度低	提高纯盐水温度及流量

续表

故障	原因	处理方法
碱中含盐高	膜有针孔	确定是否换膜
	碱浓度低	关小纯水加入量
	纯水氯化物含量大	改善纯水纯度
	膜运转时间长	考虑换膜
电槽对地"0"点偏移		排除接地现象

四、离子膜工段安全生产技术

电解槽日常维护要求如下。

① 按时检查单元间各部的垫片有无变形和泄漏；

② 按时检查单元阴、阳极液是否溢流正常，颜色是否正常；

③ 按时检查各单元阴、阳极液进料管是否畅通，进料压力是否足量；

④ 按时检查阴、阳极压力是否正常，压差是否正常；

⑤ 按时检查电解槽，配附件，工艺管线的静、动密封点有无泄漏现象；

⑥ 按时测量各单元槽电压、总压以及槽温是否异常；

⑦ 按时确认取样分析各工艺指标（氯气、氢气、碱液、淡盐水、进槽碱液、进槽盐水）和控制参数、条件报警点、联锁等是否正常，并随时调整并做好原始记录；

⑧ 定期和不定期做好电解装置以及配附件，四周地面卫生，确保断电良好，确认防腐电流开关正常；

⑨ 操作人员严格按"四清洁"、"六稳定"做好电槽巡回检查、维护工作，做好各类操作、维护记录；电管人员按时测定分析、统计，分析好各指标、电槽运转状态，对出现异常指标马上组织查找原因，指导操作、检修人员处理，同时向领导汇报，做好电解槽的计划检修以及各类电解槽、配附件专用材料质量的鉴定工作，每月组织一次电解槽完好设备鉴定工作；

⑩ 操作人员及时处理在巡回检查中发现的各种异常现象，同时向调度室、有关领导汇报，做好记录。

注意："四清洁"为电解槽本体清洁、配附件清洁、管线清洁、电槽四周地面干燥；"六稳定"为进槽物料（进槽盐水、碱液）流量稳定，运行电流、电压稳定，氯气、氢气压力稳定，运行控制参数稳定，出槽物料流量稳定。

思考与练习

1. 离子膜工段主要岗位有哪些？看槽岗位操作的目的及意义有哪些？
2. 简述中控岗位职责。
3. 分析电流效率下降的原因。
4. 简述氯气中氧偏高的原因及解决办法。
5. 当氢气发生大面积泄漏或积聚时，应采取怎样的安全措施？

附表

离子膜工段工艺记录卡（见表2-32）

表 2-32 精制盐水电解生产任务岗位复极式电解槽操作原始记录

指标＼项目	一次盐水		进槽盐水		浓盐水			阴极液			出槽温度/℃		成品碱		氯气	氢气
	流量/(m³/h)	温度/℃	流量/(m³/h)	2b流量/(m³/h)	贮罐液/%	纯水流量/(m³/h)	pH	1#流量/(m³/h)	2#流量/(m³/h)	进槽温度/℃	1#	2#	流量/(m³/h)	累积量/t	压力/kPa	压力/kPa
时间																
进槽温度																

指标＼项目	氯氢差压	1#电解槽			2#电解槽			盐水		脱氯		出槽盐水			进槽盐水			主塔		出槽碱	氯气总管
	压力/(hpa)	电流/kA	电压/V		电流/kA	电压/V	氯水温度/℃	真空度/kPa		pH	ORP/mV	NaCl/(g/L)	pH		NaCl/(g/L)	T·H/(μg/kg)	pH	T·H/(μg/kg)	NaOH/%	Cl₂/%
时间																				

生产纪事

操作人员: 记录员:

进槽碱Fe含量/(mg/kg)	出槽碱NaCl含量/(mg/kg)	出槽盐水	NaClO/(g/L)
			NaClO₃/(g/L)

操作人员: 记录员:

任务五 了解片碱工段生产技术

任务描述

作为片碱工段岗位操作工,你应理解片碱工段生产工艺操作过程;了解片碱工段主要生产岗位,掌握相关岗位操作法,具备岗位所需安全生产知识与操作技能;理解本岗位主要职责,能按岗位要求完成生产任务。

一、片碱工段工艺流程

从离子膜工段来的浓度30%以上的电解碱液经四效逆流降膜蒸发得浓度为45%、98%成品液碱与固碱。片碱工段主要岗位有:班长兼装车岗位、现场岗位、中控岗位、包装岗位、叉车及替班岗位。

(一)降膜蒸发工艺流程

如图2-18所示为碱液四效逆流降膜蒸发流程。

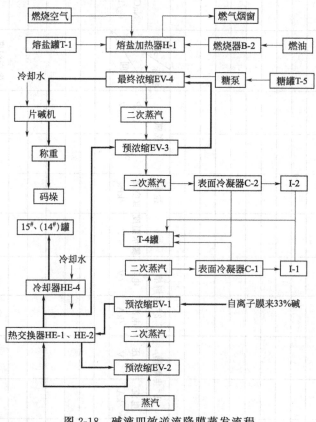

图2-18 碱液四效逆流降膜蒸发流程

(二)工艺流程(片碱工序)简述

1. 45.0%离子膜液碱的生产

32%的离子膜流出碱通过泵打入降膜蒸发器EV-1中,用EV-2来的二次蒸汽将碱液浓缩至39%左右,EV-1产生的蒸汽在表面冷凝器C-1中冷凝并被蒸汽喷射泵I-1抽真空,使EV-1

内形成真空。浓缩后的液碱再分别通过 HE-1 和 HE-2 两台板式换热器，使碱温升至 128℃ 左右，再进入 EV-2 降膜蒸发器，用生蒸汽将碱液进一步浓缩至 45% 以上，用泵将 45% 浓度的烧碱抽出，如果生产片碱，则将碱液送入 EV-3 中进一步浓缩，否则将碱液分别经过 HE-1 和 HE-4 两台板式换热器，将碱冷却至 25~38℃ 以内，送入成品碱罐储存。

2. 98.5% 离子膜片碱的生产

从 EV-2 送来的碱液在降膜蒸发器 EV-3 内，用 EV-4 来的二次蒸汽将碱液浓缩至 55% 左右，EV-3 产生的蒸汽在表面冷凝器 C-2 中冷凝并被蒸汽喷射泵 I-2 抽真空，使 EV-3 内形成真空。浓缩后的液碱再通过泵打入 EV-4 内，用高温的熔盐将碱液直接浓缩至 98.5% 浓度以上，从 EV-4 流出的熔碱通过分布器 D-10 分配到片碱机内，熔碱通过冷却、刮片、计量、包装等程序，生产出 98.5% 的离子膜片碱。

EV-4 所需要的热量由熔盐来传递，传热盐是通过 P-6 泵在 H-1 中强制循环的，熔盐在 H-1 内用燃烧燃油的方法将温度提高到 430℃ 左右，供 EV-4 液碱浓缩所需热量。同时为防止浓碱腐蚀管路设备，在溶糖罐 T-5 中配制糖溶液，用计量泵打入 EV-4 前的工艺流程中。

3. 四效逆流降膜蒸发流程总结

（1）碱液流程　自离子膜来 33% 的碱，经预浓缩 EV-1 降膜蒸发器蒸发，浓缩至 37% 或 39%，浓缩后的碱液送至热交换器 HE-1、HE-2 分别用碱液和蒸汽预热，预热后的碱液送至预浓缩 EV-2 降膜蒸发器进一步蒸发，蒸发后的碱液送至换热器 HE-1、冷却器 HE-4，回收热量，得到 44% 或 50% 成品浓碱去储罐，或去进一步蒸发浓缩生产片碱。

（2）蒸汽流程　EV-2 用一次蒸汽做热源，蒸汽压力 P≥0.70MPa；EV-1 是用 EV-2 产生的二次蒸汽做热源，是负压操作。

HE-1 是碱与碱换热，HE-2 是碱与蒸汽换热，HE-4 是碱与水换热。

（三）各岗位主要中控指标

① EV-1 真空度（PIC-306）≥0.080MPa
② EV-2 碱液温度（TIC-321）≥136℃
③ EV-2 含碱浓度≥45.0%
④ 液碱冷却温度（TI-331）25~38℃
⑤ EV-3 真空度（PIC-224）≥0.080MPa
⑥ 14、15# 罐含盐≤0.0150%
⑦ 14、15# 罐含碱≥45.0%
⑧ 片碱浓度（含氢氧化钠）≥97.00%（合格品）≥98.5%（一级品）
⑨ 熔碱温度（TR-220）≥390℃
⑩ 熔盐温度（TIC-114）410~440℃

二、了解片碱工段岗位职责

片碱工段岗位职责见表 2-33。

表 2-33　片碱工段岗位职责

岗位名称	岗位主要职责
岗位名称	岗位主要职责
班长兼装车岗位	负责班组安全生产，填写台账、考勤 负责装火车及卸油工作；负责碱罐、油罐、油泵、碱泵的维护

岗位名称	岗位主要职责
班长兼装车岗位	负责本工段下水达标排放工作 负责本班生产任务、中控指标、碱质量的完成 负责协助其他岗位对异常情况的处理
现场岗位	负责保证45%、98%质量合格 负责对蒸发器、碱泵、片碱机、熔盐炉、蒸汽喷射泵、表面冷却器、糖泵、熔盐罐的维护工作 负责按中控要求在现场进行相关调整蒸汽、水、碱阀门的操作 负责调整及操作使下水排污合格 负责装置的开、停车及处理物料的工作
中控岗位	负责配合现场岗位进行片碱前部、后部开、停车工作 负责保证45%、98%片碱的碱浓度合格 负责DCS上所有自控阀门的调整操作 负责降膜蒸发器液位的控制 负责准确、及时配合其他岗位工作做好生产监控 负责1台UPS不间断电源、2台计算机组的保养工作
包装岗位	负责配合其他岗位进行片碱后部开、停车工作 负责片碱的重量保证合格 负责片碱的温度、颜色合格 负责包装秤、链条机、接料口等设备的维护 负责液碱的装车工作 负责配合其他岗位做临时性工作 负责电子秤、缝纫机、皮带链条机、台秤、碱泵的保养维护工作
叉车及替班岗位	负责配合产出成品片碱的运输入库工作 负责盐水工序倒灰工作 负责盐水工序倒氯化钡工作 负责给分析室取药取水的工作 负责分厂各工段取机油工作 负责分厂取备件工作 负责分厂取护具的工作 负责叉车的保养维护及分厂其他临时性工作

三、异常现象及故障排除

(1) 传热盐系统容易出现哪些故障？怎么处理？

① 熔盐泵故障；

② 熔盐管道垫及填料泄漏。出现上述故障之一，必须按照全部停车程序进行。

(2) 熔盐阀的电伴热出现故障会有什么后果？如何处理？

阀的密封可能会凝固。更换电伴热后，大约需12h，使密封再次熔化。

(3) 油罐采用哪种方式灭火？一旦出现火情如何处理？

油罐采用蒸汽灭火。一旦发现火情，迅速打开泵房内通往罐灭火蒸汽阀门，同时报警。

(4) 熔盐罐为什么要用氮气保护？

由于空气中存在氧气进入熔盐罐容易引起传热盐分解、变质、使传热盐熔点上升，如果此系统不用氮气保护，在停车时，用加热蒸汽不可能熔化结晶盐。

(5) 经常开停车对EV-4有什么影响？为什么？

① 会增加EV-4腐蚀程度，因每次开车会冲洗掉保护管内壁的氧化镍层。

② 开车时的设备受热影响会减少蒸发元件使用寿命。

(6) EV-4 中为什么要加蔗糖？

因为原料液中含有氯酸盐，在高温下对镍制降膜管有强烈腐蚀作用，设备会腐蚀穿孔。加入糖后，由于糖是还原剂，氯酸盐是氧化剂，两者反应，设备受到保护，所以要加蔗糖。

(7) 45%液碱浓度低原因及处理方法。

① 可能 EV-1 真空度低。查看 EV-1 系统有无漏以及 C-1 是否结垢；

② 可能蒸汽压力低。联系生产调度解决。

(8) 片碱浓度低于 98%原因及处理方法。

① 可能 TIC-114 设定熔盐温度低。提高 TIC-114 温度设定点，提高溶盐温度。

② 可能糖量加的过多。降低 P-5 泵冲程。

③ 可能熔盐回流量过大。关小熔盐回流阀。

(9) 片碱颜色出现绿色或黑色是什么原因？如何处理？

① EV-4 受腐蚀严重，成品碱镍含量大，变绿。增加糖量，至碱变白为止。

② 糖加过多时有碳产生，成品碱变黑。降低糖量，直到碱色正常。

(10) 片碱发粘有糊状碱出现，原因及处理方法。

① 原因 由于碱片冷却不好。

② 处理方法 a. 检查去转鼓的仪表风压是否正常，水压，水温是否在规定范围内；b. 检查碱浸槽是否开得太高；c. 检查转鼓速度是否太慢；d. 检查刮刀是否在合适位置。

(11) 熔盐加热炉烟囱冒黑烟原因及解决办法。

① 原因 燃油质量差，雾化不好。

② 解决办法 提高油预热温度，进质量好的重柴油。

(12) 熔盐泵电流波动较大原因及方法。

① 原因 熔盐管路不畅。

② 处理方法 提高熔盐温度使熔盐熔化。

(13) 片碱机开、停车步骤。

① 开车 先开片碱机的仪表风，压力保持 0.03~0.04MPa；再开冷却水。

② 停车 先关片碱机的冷却水，等没有冷却水出来时，再关仪表风。

(14) 料仓下料不畅的原因及处理方法。

① 原因 料黏有潮解，堵在料仓出口处。

② 处理方法 检查碱冷却温度，并打开料仓手孔疏通。

(15) 熔盐系统的开车步骤？

① 熔盐罐及熔盐管路阀门进行加热至 200℃以上并保持 12h 以上；

② 熔盐泵进行盘车，对轮转动正常；

③ 熔盐炉内预热，使外管达到 180℃以上；

④ 启动熔盐泵，使熔盐在"旁路"循环；

⑤ 当"TI-103"达到 240℃后，熔盐进入 EV-4，梯度升温至 400℃并保持循环。

(16) 当燃油出现故障时，熔盐温度不断下降应如何处理？

① 碱系统全部停车；

② 开熔盐罐及管路的电伴热；

③ 在熔盐下降至 250℃ 以上时，燃油还不能保持供应，应停熔盐泵打开旁路阀。

(17) 什么情况下，镍设备受腐蚀严重？该如何解决？

① 原因　a. 糖量不足；b. 大气中的氧侵入镍设备。c. 开、停车次数多。

② 解决办法　a. 加糖至合适冲程；b. 调节氮气流量，保护镍质设备；c. 减少停车次数。

(18) 片碱系统停车时，应立即做哪些工作？

① 停止向 EV-3 供应碱；放掉 EV-3 真空；撤下转鼓的刮刀；

② 打开吹扫 EV-4 管路及吹扫去片碱机的碱管路的蒸汽阀门；

③ 慢慢放掉碱浸槽内的碱；用水冲洗料仓及糖管路。

(19) 生产 45% 液碱的开车步骤。

① 预热，稍开 TCV-321 阀门及 EV-2 壳层放空阀门，使少量蒸汽放出；

② 开 EV-1 真空，使 EV-1 达 0.090MPa；

③ 开 C-1 及 HE-4 冷却水回路；

④ 进料，使 EV-1，EV-2 低位报警消失；

⑤ 开蒸汽 TCV-321 阀门；

⑥ 调节各参数在控制范围内。

(20) 包装岗位（片碱）在开车前应做好哪些准备工作？

① 检查片碱机的刮刀至合适位置，碱槽已到位，转鼓运转正常；

② 开片碱机冷却水及仪表空气；

③ 检查振动给料机及电子秤试运转；

④ 热合机，皮带运转正常；

⑤ 车辆（叉车）进行试车；

⑥ 准备好包装用袋。

四、片碱工段安全生产技术

片碱工段熔盐电伴热系统送电期间安全操作规定如下：

① 凡进入厂房内人员必须穿绝缘靴，禁止触摸任何设备、管道及阀门等；

② 岗位人员必须穿绝缘靴，站在绝缘的板上戴绝缘手套进行操作，尽量不用双手操作；

③ 严禁水、碱液等物料接触电伴热系统；

④ 非必要时，不要靠近电伴热系统；

⑤ 非岗位人员严禁操作；

⑥ 系统出现故障时，要立即逐级反映并找值班电工处理，严禁操作人员私自处理。

思考与练习

1. 片碱工段主要岗位有哪些？包装岗位主要职责有哪些？
2. 试述片碱工序四效逆流降膜蒸发流程。
3. 降膜蒸发器 EV-1 真空是如何产生的？结合实训车间离子膜法生产氯碱模拟流程，分组讨论。
4. 被碱烧伤时应采取怎样的安全措施。

单元三　丙烯酸甲酯生产技术

单元描述

当你即将进入某化工厂，作为丙烯酸甲酯生产车间工作人员，尤其是操作工，你将首先了解丙烯酸甲酯安全生产管理规定，了解丙烯酸甲酯市场需求，熟悉生产所用主辅原料的性质、用途及规格；熟悉整个工艺过程。

你还应熟悉丙烯酸甲酯车间布置，了解各单元生产原理、主要设备、仪表、阀门、控制参数，熟悉现场流程。

你应学会操作丙烯酸甲酯工艺仿真实训装置，掌握冷态开车、正常生产、正常停车、异常事故处理等操作技能。为安全、稳定高效地生产出环境友好的丙烯酸甲酯产品打下基础。

单元学习目标

1. 通过丙烯酸甲酯生产项目调研，了解丙烯酸甲酯性质用途及市场需求，确定丙烯酸甲酯生产线路；
2. 掌握安全生产技术，具备丙烯酸甲酯生产的安全意识和社会责任感；
3. 掌握丙烯酸与甲醇酯化生产丙烯酸甲酯工艺；
4. 能识读丙烯酸甲酯生产的工艺流程图、设备图、管道图等相关图样，并描述生产工艺流程；
5. 能熟悉现场装置及主要设备、仪表、阀门的位号、功能、工作原理和使用方法，并能应用生产中的检测仪表与自动控制系统；
6. 能按照要求制定丙烯酸甲酯工艺仿真实训装置操作方案；
7. 能完成丙烯酸甲酯工艺仿真实训装置开停车及运行操作；
8. 能正确判断、处理丙烯酸甲酯工艺仿真实训装置运行中的一般故障；
9. 能运用专业工具书、期刊和网络资源等；
10. 能对收集资料进行合理的分类和归纳。

任务一　丙烯酸甲酯生产项目调研

任务描述

通过丙烯酸甲酯生产项目调研，了解丙烯酸甲酯性质用途，市场需求；了解丙烯酸甲酯生产中的主要危险源；确定丙烯酸甲酯生产路线。

一、采集基本信息

工业上用原料丙烯酸与甲醇在催化剂作用下经酯化反应生产丙烯酸甲酯。

（一）了解丙烯酸甲酯性质和用途

查找相关期刊、书籍、网络资源，深入企业，找一找丙烯酸甲酯性质和用途的相关知识，记录下来；然后分组讨论，填写表3-1及表3-2。

表3-1 丙烯酸甲酯的性质和用途

项　目	有关内容	信息来源
丙烯酸甲酯物理性质		
丙烯酸甲酯化学性质		
在生活中接触到的与丙烯酸甲酯有关的物品或产品		
丙烯酸甲酯用途		

表3-2 丙烯酸甲酯车间主要危险源及注意事项

主要危险源	外观性状	主要危害	紧急措施/注意事项
丙烯酸甲酯			
丙烯酸			
甲醇			

知识园地一　认识丙烯酸甲酯

危险化学品安全周知卡

化学品标识
- 中文名称：丙烯酸甲酯
- 英文名称：methyl acrylate
- 化学式：$C_4H_6O_2$
- CAS号：96-33-3

危险特性：易燃，其蒸气与空气可形成爆炸性混合物。遇明火、高热极易引起燃烧爆炸。与氧化剂能发生强烈反应。容器自聚，聚合反应随着温度的上升而急剧加剧。其蒸气比空气重，能在较低处扩散到相当远的地方，遇火源会着火回燃。

身体防护措施：必须戴防毒面具、必须戴防护手套、必须戴防护眼镜

危险性类别：易燃！有害！

现场急救措施：
- 皮肤接触：立即脱去污染的衣着，用肥皂水和清水彻底冲洗皮肤。就医。
- 眼睛接触：立即提起眼睑，用大量流动清水或生理盐水彻底冲洗至少15分钟。就医。
- 吸入：迅速脱离现场至空气新鲜处，保持呼吸道通畅，如呼吸困难，给输氧，呼吸停止，立即进行人工呼吸。就医。
- 食入：用水漱口，给饮牛奶或蛋清。就医。

泄漏处理及防火防爆措施：迅速撤离泄漏污染区人员至安全区，并进行隔离，严格限制出入。切断火源。建议应急处理人员戴自给正压式呼吸器，穿防静电工作服。尽可能切断泄漏源。防止流入下水道、排洪沟等限制性空间。小量泄漏：用活性炭或其它惰性材料吸收。也可以用大量水冲洗，洗水稀释后放入废水系统。大量泄漏：构筑围堤或挖坑收容，用泡沫覆盖，降低蒸气灾害。喷雾状水冷却和稀释蒸气、保护现场人员，防爆泵转移至槽车或专用收集器内，回收或运至废物处理场所处置。

危险性标志

接触后表现：高浓度接触，引起流泪、眼及呼吸道的刺激症状，严重者口腔发白、呼吸困难。晕厥。吸脓水肿而死亡。误服急性中毒者，出现口腔、胃、食道腐蚀性症状，伴有流涎、呼吸困难、抽动等。长期接触可致皮炎症。亦可致脓、肝、肾病变。

浓度	当地应急救援单位名称	企业应急救援电话
中国 MAC(mg/m³)：未制定标准	火　警：119 医疗急救：120 XX市安监局：XXXXXXX	XXXXXXX

危险性理化数据：
- 熔点（℃）：-75
- 沸点（℃）：80.0
- 相对密度（水=1）：0.95
- 饱和蒸气压（kPa）：13.33(28℃)

1. 丙烯酸甲酯的理化常数

丙烯酸甲酯理化常数见表3-3。

表3-3 丙烯酸甲酯理化常数

项　目	内　容
国标编号	32146
中文名称	丙烯酸甲酯
英文名称	methyl acrylate

续表

项 目	内 容
别名	败脂酸甲酯
分子式	CH$_2$=CHCOOCH$_3$
熔点	−75℃
沸点	80.0℃
相对密度	0.95（空气是1）
闪点	−3℃/开杯
蒸气压	13.38kPa/28℃
溶解性	微溶于水
稳定性	稳定
外观与性状	无色透明液体，有类似大蒜的气味
危险标记	7（中闪点易燃液体）
用途	用于聚丙烯腈纤维的第二单体，胶剂
CAS	96-33-3
相对分子质量	86.09

2. 丙烯酸甲酯产品质量规格

表 3-4 丙烯酸甲酯产品质量规格（企业）

产品名称	标准名称 指标	项 目	企业标准 优级品	企业标准 一级品	分析方法
丙烯酸甲酯	Q/OADK 003-1998	色度≤（Hazen 单位）	10（散）20（桶）		等效 ASTM D1209-93
		纯度/%（质量分数）≥	99.5	99.5	YSTM 4219-01（1990）
		水分/%（质量分数）≤	0.05	0.10	等效 ASTM D1364-90

3. 主要用途

丙烯酸甲酯主要用于化纤、胶黏剂、涂料、塑料加工及涂饰剂和合成鞣剂生产（见图 3-17）。国内 75% 以上的丙烯酸甲酯用于生产合成纤维。丙烯酸酯类乳液型胶黏剂是使用最多的一种胶黏剂；丙烯酸酯涂料是综合性能最全的新型高档涂料，满足建筑、汽车、轻工、家电、家具、桥梁、机械、航空等领域的需要；丙烯酸改性漆已广泛用于飞机、城市雕塑、ABS 塑料等，丙烯酸粉末涂料已发展成为汽车外罩装饰高档涂料；塑料加工业用于生产聚氯乙烯管材、异型材及门窗等；丙烯酸及酯类单体还用于皮革生产等。

化纤 胶黏剂

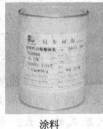
涂料

塑料加工

涂饰剂和合成鞣剂

图 3-1 丙烯酸甲酯用途

4. 环境危害及应急处理处置方法

见知识园地一中危险化学品安全周知卡

（二）丙烯酸甲酯生产状况与市场调查

查找相关期刊、书籍、网络资源，深入企业，获得丙烯酸甲酯生产状况市场相关信息，记录下来；然后分组讨论，填写表 3-5。

表 3-5 丙烯酸甲酯的市场现状

项 目	具体情况	信息来源
目前国内、外丙烯酸甲酯市场参考价格		
目前国内、外丙烯酸甲酯的产量		
目前国内、外丙烯酸甲酯市场特点		
目前丙烯酸甲酯的原料供应情况与特点		

（三）查找丙烯酸甲酯发展历程及展望的相关资料

查找相关期刊、书籍、网络资源，深入企业，获得丙烯酸甲酯发展历程及展望的相关资料，记录下来；然后分组讨论，填写表 3-6。

表 3-6 丙烯酸甲酯的发展历程及展望

项 目	有关内容	信息来源
丙烯酸甲酯工业的发展历程		
丙烯酸甲酯工业的展望		

知识园地二　丙烯酸及酯工业发展概况

1. 生产状况

我国丙烯酸及酯的工业生产起步于 20 世纪 50 年代。当时对氯乙醇和丙烯腈水解法生产丙烯酸工艺进行了研究，并有小规模的生产装置。60 年代初，兰州化学公司建成第一套 500 吨/年丙烯氧化法生产丙烯酸的中试装置。我国大规模生产丙烯酸始于 20 世纪 70 年代末期。

北京东方化工厂 1984 年从日本触媒化学公司引进成套设备和技术，1991 年建成第二套丙烯酸装置，1998 年建成第三套丙烯酸生产装置，目前北京东方化工厂已经形成了丙烯酸 9 万吨/年和丙烯酸酯 9.5 万吨/年的生产规模。

进入 90 年代，吉林石化从日本三菱化学公司引进生产技术，目前丙烯酸酯的产能已达 4.5 万吨/年。上海华谊丙烯酸厂同样从日本三菱化学公司引进全套装置，目前丙烯酸生产能力已达 6.6 万吨/年，丙烯酸酯生产能力达 10.5 万吨/年。

2004 年，南京 BASF-扬子石化合资丙烯酸及酯项目投产，生产能力为丙烯酸 16 万吨/年，丙烯酸酯 23.3 万吨/年。这样，国内丙烯酸生产能力近 34.9 万吨/年，占世界生产能力约 9%。

截止 2009 年，我国丙烯酸及酯的生产厂家共有 11 家，其中江苏裕廊、上海华谊、宁波台塑丙烯酸酯产能较大。国内丙烯酸酯装置的主要原料丙烯以自供为主，少数厂家进行采购，且多采购进口丙烯。丙烯酸酯装置多采用丙烯酸甲酯、乙酯装置互切，丙烯酸丁酯、异辛酯装置互切方式进行生产。近年来，国内丙烯酸及酯产能递增较快，2008 年产能达到了 127×10^4 t/a，与 2003 年相比有了飞跃式的增长。由于 2010 年中海油丙烯酸及酯装置建成投产，届时国内产能将达到 143×10^4 t/a 左右。

2. 应用状况

目前，国内丙烯酸大部分（75%）作丙烯酸酯，少部分作高吸水性树脂、助洗剂、分散剂、增稠剂和絮凝剂。丙烯酸酯主要在涂料、胶黏剂、纺织和化纤、皮革、造纸、塑料助剂、油田化学品等方面应用。

未来丙烯酸及酯的应用还会有较大的发展。建筑行业的发展，使丙烯酸及酯在涂料工业和胶黏剂工业的应用稳步增加。据统计，2010年建筑涂料需求量达到280万吨/年，需配套丙烯酸酯30万吨/年。中国纺织服装出口占世界的30%，对丙烯酸类高档纺织浆料、涂料印花胶黏剂等需求会大幅增加。

丙烯酸作高吸水性聚合物有很大发展潜力。随着含高吸水性树脂的婴儿尿布（裤）及卫生用品的大量使用，高吸水树脂消费量会有较大增长，到2010年中国婴儿尿片需求量达到590亿片，成人卫生用品年均需求量达到2亿片，预计上述卫生用品年均需求增速为12%～13%，这将会极大地促进丙烯酸工业持续发展。

国家限制或禁止使用磷酸盐类助洗剂，洗涤剂行业推行无磷化，将大大促进聚丙烯酸钠盐的发展，目前我国丙烯酸钠盐类助洗剂年消费量仅为6000t。若全国洗涤剂实行无磷化，按添加量2%计，则需求量为6万吨/年，市场潜力巨大。

汽车工业的发展为耐热、耐油的丙烯酸酯橡胶开辟了应用市场。2010年国内需丙烯酸酯橡胶达1.3万吨。

我国2010年丙烯酸（酯）消费量约占世界消费量的31.4%，预计我国2015年产能将达170万吨/年以上，与需求相比仍有一定的缺口。随着生产的发展，下游应用领域拓宽，我国丙烯酸行业发展的前景十分乐观。

思考与练习

1. 丙烯酸酯主要用途有哪些？
2. 从丙烯酸甲酯危险化学品告知卡里你能得到哪些重要信息？
3. 把您在这一任务中所获得的资料和其他同学交流一下，看看有哪些补充。

二、确定丙烯酸甲酯生产路线

丙烯酸甲酯生产方法的比较

查找相关期刊、书籍、网络资源，找一找氯碱生产方法的相关知识，记录下来；然后分组讨论，填写表3-7。

表3-7 丙烯酸甲酯生产方法比较

比较方法	乙烯酮法	雷普法	丙烯腈水解法	丙烯直接氧化法
生产原料				
催化剂				
反应速率				
腐蚀性				
能耗				
生产成本				
生产流程				

知识园地三 丙烯酸甲酯生产方法比较

丙烯酸甲酯的生产方法与丙烯酸的生产方法密切相关,主要有:乙烯酮法、雷普(Reppe)法、丙烯腈水解法和丙烯直接氧化法。

1. 乙烯酮法

乙烯酮法首先是以乙烯酮与甲醛为原料,以三氟化硼或氯化铝为催化剂,进行缩合反应,生成β-丙内酯;之后β-丙内酯与甲醇直接在硫酸的作用下反应生成丙烯酸甲酯。原料乙烯酮是以醋酸或丙酮在高温下裂解而得。该方法能耗大,生产成本高。

2. 雷普法

雷普(Reppe)法于20世纪40年代被发明,是用乙炔、一氧化碳与水或醇反应,生成丙烯酸或丙烯酸酯的方法。

丙烯酸甲酯是以乙炔、甲醇和一氧化碳为原料,在催化剂的作用下反应直接生成丙烯酸甲酯;也可以是乙炔、甲醇与羰基镍(提供一氧化碳)在酸性条件下反应生产丙烯酸甲酯。

雷普法的主要缺点是反应速率慢,若使用羰基镍,羰基镍容易部分分解造成损失,因使用原料乙炔,操作也比较复杂。

3. 丙烯腈水解法

以丙烯腈为原料,在浓硫酸存在下进行水解得丙烯酰胺硫酸盐,丙烯酰胺硫酸盐直接与甲醇反应得到丙烯酸甲酯。

该方法的生产步骤多,硫酸的腐蚀性强,而且产生大量的废酸及硫酸氢铵。

4. 丙烯直接氧化法

以丙烯为原料,先生产丙烯酸,之后分离精制达到酯化级质量标准的丙烯酸与甲醇酯化反应生产丙烯酸甲酯。主要化学反应式如下

$$CH_2=CHCH_3 + \frac{3}{2}O_2 \longrightarrow CH_2=CHCOOH + H_2O$$

$$CH_2=CHCOOH + CH_3OH \longrightarrow CH_2=CHCOOCH_3 + H_2O$$

丙烯法生产丙烯酸,原料丙烯价廉易得,而且氧化反应的催化剂活性和选择性都很高,是目前生产丙烯酸和丙烯酸甲酯最先进的方法。

此外还有氰乙醇法生产丙烯酸,因毒性现在已被淘汰。

任务二 掌握丙烯酸与甲醇酯化生产丙烯酸甲酯工艺过程

任务描述

作为丙烯酸甲酯车间岗位操作工,你应熟悉生产所用主辅原料性质、用途及规格;能运用生产技术资料、专业工具书、期刊和网络等资源,选择丙烯酸甲酯生产原料、生产设备;掌握丙烯酸与甲醇酯化工艺条件;熟悉丙烯酸与甲醇酯化生产丙烯酸甲酯工艺总流程;了解安全生产技术相关信息,培养丙烯酸甲酯生产的安全意识和社会责任感。

一、采集基本信息

查找企业相关生产技术资料或期刊、书籍、网络资源等,找一找丙烯酸甲酯生产原料丙烯酸与甲醇相关知识,记录下来;然后分组讨论,填写表3-8、表3-9及表3-10。

单元三 丙烯酸甲酯生产技术

表 3-8 丙烯酸的性质和用途

项 目	有 关 内 容	信 息 来 源
丙烯酸物理性质		
丙烯酸化学性质		
在生活中接触到的与丙烯酸有关的物品或产品		
丙烯酸用途		
丙烯酸生产方法		

表 3-9 甲醇的性质和用途

项 目	有 关 内 容	信 息 来 源
甲醇物理性质		
甲醇化学性质		
在生活中接触到的与甲醇有关的物品或产品		
甲醇用途		
甲醇生产方法		

表 3-10 丙烯酸甲酯车间主要危险源及注意事项

主要危险源	外 观 性 状	主 要 危 害	紧急措施/注意事项
丙烯酸 AA			
甲醇 MEOH			
丙烯酸甲酯 MA			

知识园地一 认识丙烯酸

1. 丙烯酸的理化常数

丙烯酸理化常数见表 3-11。

表 3-11 丙烯酸理化常数

项 目	内 容
国标编号	81617
中文名称	丙烯酸
英文名称	Acrylic acid；Propenoic acid
别名	
分子式	$CH_2\!=\!CHCOOH$
沸点	141℃
熔点	14℃
相对密度	1.05（水是1）
相对蒸气密度	2.45（空气是1）
蒸气压	1.33kPa（39.9℃）
溶解性	与水混溶，可混溶于乙醇、乙醚

续表

项 目	内 容
稳定性	稳定
外观与性状	无色液体,有刺激性气味
危险标记	20(酸性腐蚀品)
用途	用于树脂制造
CAS	79-10-7
相对分子质量	72.06

2. 丙烯酸原料规格

表 3-12 酯化级丙烯酸原料规格

产品名称	标准名称指标项目	企业标准		ASTM 标准
		优级品	一级品	
丙烯酸	纯度/%(质量分数)≥	99.5	99.0	99.0
	色度/APHA ≤	20	20	20
	水分/%(质量分数)≤	0.10	0.20	0.20
	阻聚剂/(mg/kg)	200±20		200±20

3. 丙烯酸用途

丙烯酸是一种重要的有机单体,广泛用来合成丙烯酸酯类,用在塑料、合成纤维、合成橡胶、涂料、胶乳、胶黏剂、鞣革和造纸等工业部门。非酯类用途主要有如下几种。

用于高吸水性树脂生产。高吸水性树脂可用于手巾、尿布、衬里等产品。

用于助洗剂生产。聚丙烯酸可替代磷酸盐作助洗剂,含磷洗涤剂易造成环境污染。

用于水处理剂生产。聚丙烯酸可用作水处理的分散剂,丙烯酸与丙烯酰胺的共聚物可用于废水处理、选矿和造纸厂废水处理的絮凝剂,也可用于钻井泥浆中作为防井喷。

4. 环境危害

(1)健康危害 对皮肤、眼睛和呼吸道有强烈刺激作用;可通过吸入、食入、或经皮肤吸收入侵人体。空气中最大允许浓度为 $5mg/m^3$。

(2)危险特性 丙烯酸易燃,其蒸气与空气形成爆炸性混合物,爆炸极限(体积分数)2.4%~8.0%,遇明火、高热能引起燃烧爆炸。与氧化剂能发生强烈反应。若遇高热,可能发生聚合反应,出现大量放热现象,引起容器破裂和爆炸事故。未加阻聚剂的丙烯酸单体应立即使用或在 10℃ 以下保存,但储存时间不能太长。丙烯酸燃烧(分解)产物:一氧化碳、二氧化碳。

5. 应急处理处置方法

(1)泄漏应急处理 疏散泄漏污染区人员至安全区,禁止无关人员进入污染区,切断火源。建议应急处理人员戴自给式呼吸器,穿化学防护服。不要直接接触泄漏物,在确保安全情况下堵漏。喷水雾能减少蒸发但不要使水进入储存容器内。用沙土或其他不燃性吸附剂混合吸收,然后收集运至废物处理场所处置。如大量泄漏,利用围堤收容,然后收集、转移、回收或无害处理后废弃。

(2) 防护措施

① 呼吸系统防护　空气中浓度超标时，应该佩戴防毒面具。紧急事态抢救或逃生时，佩带自给式呼吸器。

② 眼睛防护　戴化学安全防护眼镜。

③ 防护服　穿工作服（防腐材料制作）。

④ 手防护　戴橡皮手套。

⑤ 其他　工作后，淋浴更衣。注意个人清洁卫生。

(3) 急救措施

① 皮肤接触　脱去污染的衣着，立即用水冲洗至少 15min。

② 眼睛接触　立即提起眼睑，用流动清水或生理盐水冲洗至少 15min。

③ 吸入　迅速脱离现场至空气新鲜处。保持呼吸道通畅。必要时进行人工呼吸，就医。

④ 食入　误服者给饮大量温水，催吐，就医。

⑤ 灭火方法　雾状水、二氧化碳、砂土、抗溶性泡沫。

6. 丙烯酸的生产方法

共有五种生产方法：氰乙醇法、烯酮法、丙烯腈水解法、乙炔羰化法、丙烯直接氧化法。

丙烯氧化法制丙烯酸工业装置，由于其技术经济优势明显，已成为丙烯酸生产的主要方法，世界上所有丙烯酸大型生产装置均采用丙烯氧化法生产。近年来，丙烯直接氧化法不断改进，也开发出许多新的催化剂和新工艺。

知识园地二　认识甲醇

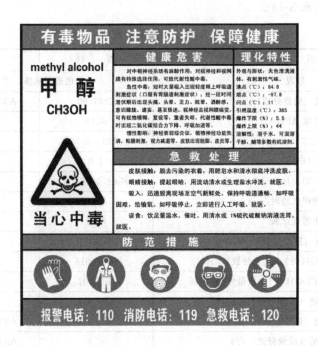

1. 甲醇的理化常数

甲醇理化常数见表 3-13。

表 3-13 甲醇理化常数

项　目	内　容
国标编号	32058
中文名称	甲醇
英文名称	methyl alcohol；Methanol
别名	木酒精
分子式	CH_3OH
熔点	$-97.8℃$
沸点	$64.8℃$
密度	0.791g/mL（25℃，1at）（at 为工程大气压）
蒸气压	127mm Hg（25℃） 410mm Hg（50℃）
溶解性	溶于水，可混溶于醇、醚等多数有机溶剂
稳定性	稳定
外观与性状	无色澄清液体，有刺激性气味
危险标记	7（易燃液体）
用途	主要用于制甲醛、香精、染料、医药、火药、防冻剂等
CAS	67-56-1
相对分子质量	32.04

2. 甲醇原料规格

甲醇原料规格见表 3-14。

表 3-14 甲醇原料规格

项　目	指标	试验方法
外观	无色透明液体，无可见不洁物	
甲醇含量（质量分数）/%	≥99.60	ASTM 4291—01（1990）
色度 APHA	≤10	GB 3143—82
密度（20℃）/（g/cm³）	0.791～0.792	GB 4472—84
沸程包括（64.4±0.1）/℃	1.0	
温度范围（0℃，101.3kPa）/℃	≤64.0～65.5	GB 7534—87
高锰酸钾试验时/min	≥50	GB 338—92
水溶性试验	澄清	GB 6324.1—86
水分含量（质量分数）/%	≤0.10	ASTM D1364
酸度（以 HCOOH 计）（质量分数）/%	≤0.0015	GB 338—92
羰基化合物（以 HCOOH 计）（质量分数）/%	≤0.002	GB 338—92
蒸发残留物（质量分数）/%	≤0.001	GB 6324.2—86
乙醇含量（质量分数）/%	≤0.001	ASTM 4291—01（1990）
丙烯酸甲酯（质量分数）/%	≤3	ASTM 4291—01（1990）

3. 甲醇用途

甲醇是基本有机化工原料，又是化工产品。在基本有机化工中，甲醇是仅次于乙烯、丙烯和芳烃的重要基础原料。

甲醇主要用于生产甲醛；其次是作为原料和溶剂生产塑料、合成纤维、合成橡胶、农药、医药、染料和涂料；甲醇还可用来生产对苯二甲酸二甲酯、甲基丙烯酸甲酯；甲醇及其产品二甲醚可作为汽车燃料；甲醇是直接合成乙酸的原料；甲醇还可用来作为人工合成蛋白质的原料。

4. 环境危害及应急处置方法

内容详见甲醇危险品告知卡。

5. 甲醇的生产方法

甲醇的生产方法主要有以下两种：合成气合成甲醇和甲烷氧化。合成气（一氧化碳加氢气）合成甲醇是目前生产甲醇的主要方法，按采用的压力不同有高压法、低压法和中压法三种。

二、确定丙烯酸与甲醇酯化生产丙烯酸甲酯工艺过程

丙烯酸甲酯生产工艺主要包括三个基本工序：酯化反应、分离回收、提纯精制，反应部分是核心。

（一）丙烯酸与甲醇的酯化反应

丙烯酸与甲醇酯化反应，生成丙烯酸甲酯，该反应是一种生产有机酯的反应，磺酸型离子交换树脂被用作催化剂。

1. 酯化反应器的主反应

$$CH_2=CHCOOH + CH_3OH \rightleftharpoons CH_2=CHCOOCH_3 + H_2O$$
$$(AA) \qquad (MEOH) \qquad (MA)$$

这是一个平衡反应，为使反应有向有利于产品生成的方向进行，采用一些方法，一种方法是用比反应量过量的酸或醇，另一种方法是从反应系统中移除产物。

2. 酯化反应器的副反应

$$CH_2=CHCOOH + 2CH_3OH \longrightarrow (CH_3O)CH_2CH_2COOCH_3 + H_2O$$
$$\text{MPM（3-甲氧基丙酸甲酯）}$$

$$2CH_2=CHCOOH + CH_3OH \longrightarrow CH_2=CHCOOC_2H_4COOCH_3 + H_2O$$
$$\text{D-M（3-丙烯酰氧基丙酸甲酯/}$$
$$\text{二聚丙烯酸甲酯）}$$

$$CH_2=CHCOOH + CH_3OH \longrightarrow HOC_2H_4COOCH_3$$
$$\text{HOPM（3-羟基丙酸甲酯）}$$

$$CH_2=CHCOOH + CH_3OH \longrightarrow CH_3OC_2H_4COOH$$
$$\text{MPA（3-甲氧基丙酸）}$$

$$2CH_2=CHCOOH \longrightarrow CH_2=CHCOOC_2H_4COOH$$
$$\text{D-AA（3-丙烯酰氧基丙酸/二聚丙烯酸）}$$

其他副产物是由于原料中的杂质的反应而形成的。典型的丙烯酸中的杂质的反应如下：

$$CH_3COOH + R-OH \longrightarrow CH_3COOR + H_2O$$
$$C_2H_5COOH + R-OH \longrightarrow C_2H_5COOR + H_2O$$

本工艺采用酸过量使反应向正方向进行，丙烯酸甲酯的酯化反应在固定床反应器内进行。

（二）工艺特点

丙烯酸甲酯的生产采用的是连续化生产的工艺。新鲜和回收的丙烯酸及甲醇按一定的比

例连续进入酯化反应器,在固体酸催化剂及一定的工艺条件下进行酯化反应。离开酯化反应器的粗产品中,除了目的产物丙烯酸甲酯外,还有未反应的原料丙烯酸、甲醇以及其他副产物,之后将其送往分离回收及提纯精制系统,分离回收未反应的原料和提纯精制产品丙烯酸甲酯。根据物料的性质和分离精制要求,回收采用是萃取和精馏的方法,提纯精制采用的是精馏的方法。

(三) 酯化工艺条件

1. 反应进行条件

温度:75℃ (MA)

醇/酸摩尔比:0.75 (MA)

由于甲酯易于通过蒸馏的方法从丙烯酸中分离出来,从经济性角度,醇的转化率被设在60%～70%的中等程度。未反应的丙烯酸从精制部分被再次循环回反应器后转化为酯。

用于甲酯单元的离子交换树脂的恶化因素有:金属离子的玷污、焦油性物质的覆盖、氧化、不可撤回的溶胀等。因此,如果催化剂有意被长期使用,这些因素应引起注意。被金属铁离子玷污导致的不可撤回的溶胀应特别注意。

2. 阻聚剂

丙烯酸及酯在较高的反应温度下易发生二聚、三聚等聚合反应,从而会降低丙烯酸酯的收率,降低产品的质量。因此,常在酯化反应系统及后面精制系统中加入阻聚剂并控制足够的含量。

常用的阻聚剂有氢醌、氢醌单甲醚、吩噻嗪、对苯醌和甲基蓝等。

3. 阻聚剂加入部位和方式

阻聚剂一般呈固态粉状,在加入前需使用对应的工艺物料将其溶解。加入的部位根据实际情况可分为塔的进料、回流、塔顶部、塔的馏出管线、塔顶冷凝(却)器、塔板等。加入方式则可采用以下三种方式。

(1) 注入方式 通过专用输送设备向相关管道和设备中加入阻聚剂。

(2) 喷淋方式 在塔顶冷凝器部位,丙烯酸气体被冷凝,在这种发生相变的部位,极易发生聚合现象,可采用喷淋的方式在相变部位加入阻聚剂。另外,对于塔顶、气相管线,也可采用这种方式加入阻聚剂。

(3) 夹带方式 对反复发生相变过程的精馏塔等分离塔器内,必须保证足够含量的阻聚剂,这里,可以通过雾沫夹带,使阻聚剂在塔内的分布更加合理。可在分离塔釜加入适量空气或氧气,这对防止聚合有一定的作用。

(四) 薄膜蒸发器结构特点

薄膜蒸发器如图 3-2 所示。丙烯酸分馏塔 T110 塔底,一部分的丙烯酸及酯的二聚物、多聚物和阻聚剂等重组分送至 E114 (薄膜蒸发器) 分离出丙烯酸,回收到 T110 中,重组分送至废水处理单元重组分储罐。

薄膜蒸发器在蒸发技术上带来了进一步的发展。其原理在于在加热夹套上机械地形成薄层的液体薄膜。电力的刮板元件可以是刚性的或柔韧性的。

蒸发器允许极短的滞留时间,通常约几秒,所以,可处理很敏感的物质和黏性物质。在选择带有冷凝的分子蒸馏设备时,甚至可以纯化高沸点物质。这种薄膜蒸发器特别用于小型和中型的生产。

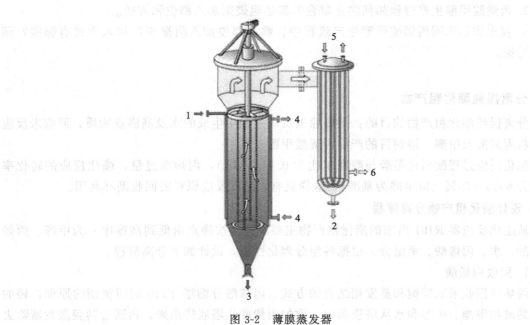

图 3-2 薄膜蒸发器
1—进料；2—烃组分出口；3—浓缩液出口；4—加热介质；5—冷却介质；6—真空

（五）丙烯酸甲酯生产中可能故障分析及整改措施

反应器及典型设备故障分析及整改措施见表 3-15。

表 3-15 反应器及典型设备故障分析及整改措施

故障现象	故障原因	处理方法
大盖泄漏	1. 密封垫损坏 2. 螺栓松动 3. 密封面有缺损	1. 更换密封垫 2. 紧固或更换螺栓 3. 修理密封面
管道振动严重	1. 管卡松动 2. 操作不当 3. 管道不畅通 4. 管道布局不合理	1. 紧固管卡 2. 纠正操作方法 3. 疏通管道 4. 改变管道布局
催化剂层偏温	1. 温度计套管泄漏 2. 催化剂筐泄漏 3. 催化剂表面不平，密度不匀	1. 更换温度计套管 2. 修理催化剂筐 3. 填装催化剂时密度应一致，表面平整
电炉不升温	1. 电炉丝坏 2. 单项断路	1. 更换电炉丝 2. 接通线路
塔壁温度太高	1. 内件保温不良 2. 内件安装不符合要求	1. 更换保温层或处理不合理处 2. 内件按要求安装

思考与练习

1. 丙烯酸与甲醇酯化是一个可逆反应，为使平衡向生成产品的方向移动，采取了哪些措施？

2. 将丙烯酸甲酯、丙烯酸、甲醇、水，按沸点从高到低排列。

3. 丙烯酸甲酯生产过程如何防止聚合？简述阻聚剂加入部位和方式。

4. 找出实训车间丙烯酸甲酯生产流程中，哪些部位加入阻聚剂？加入方式有哪些？请分组讨论。

三、分离提纯酯化粗产物

分离提纯酯化粗产物的目的：是要除去反应过程中生成的水及高沸点物质，回收未反应的原料丙烯酸及甲醇，得到目的产物丙烯酸甲酯。

酯化反应过程配料比是醇与酸摩尔比为 0.75（MA），丙烯酸过量，酯化反应的转化率设定为 60%～70%（以甲醇为基准），这样就有大量没反应原料需回收循环利用。

（一）设计酯化粗产物分离流程

从酯化反应器 R101 出来的酯化粗产物主要成分（按沸点由低到高排序）为甲醇、丙烯酸甲酯、水、丙烯酸、重组分，根据各组分理化性质，设计如下分离流程。

1. 回收丙烯酸

丙烯酸回收采取精馏和蒸发相结合的方式。丙烯酸分馏塔 T110 利用精馏的原理，轻的三元共沸物甲酯、甲醇和水从塔顶蒸出，重的丙烯酸从塔底排出来，再通过薄膜蒸发器除去丙烯酸中的高沸物重组分，为防止丙烯酸在高温下聚合，精馏及薄膜蒸发均采用减压操作，并且加入适量的空气和阻聚剂。

丙烯酸蒸馏塔 T110 操作工艺条件：塔顶压力 28.7kPa，塔顶温度 41℃，塔釜温度 80℃。

薄膜蒸发器 E114 操作工艺条件：压力 35.33kPa，温度 120.5℃。

2. 回收醇

甲醇回收采取先萃取后精馏的方式。醇萃取塔 T130 利用醇易溶于水的物性，用水将甲醇从主物流中萃取出来，初步实现丙烯酸甲酯与甲醇水溶液的分离。同时萃取液夹带了一些甲酯，再经过醇回收塔 T140，经过精馏，大部分水从塔底排出，甲醇和甲酯从塔顶蒸出，返回反应器循环使用。

甲醇萃取塔 T1130 操作工艺条件：温度 25℃，压力 301kPa。

3. 醇拔头

醇拔头塔 T150 为精馏塔，利用精馏的原理，将甲酯主物流中少部分的醇从塔顶蒸出，含有甲酯和少部分重组分的物流从塔底排出，并进一步分离。

由于丙烯酸甲酯在高温下容易聚合，醇拔头塔也采用减压操作方式，并且通入空气和加入阻聚剂。

醇拔头塔 T150 操作条件为：塔顶压力 62.66kPa，塔顶温度 61℃，塔底温度 71℃

4. 酯精制

酯还需要通过酯提纯塔（T160）进一步精制。酯精制塔 T160 为精馏塔，利用精馏的原理，将主物流从塔顶蒸出，塔底部分重组分返回丙烯酸分馏塔重新回收

为防止精制精馏过程中发生聚合，酯提纯塔（T160）也采用减压操作方式，并且通入空气和加入阻聚剂。

酯提纯塔 T160 操作工艺条件为：塔顶压力 21.30kPa，塔顶温度 38℃，塔底温度 56℃。

综上所述，酯化粗产物组分切割示意如图 3-3 所示（组分按沸点由低到高排列）。

单元三 丙烯酸甲酯生产技术

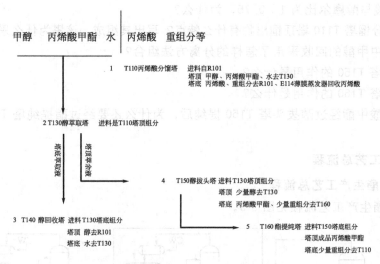

图 3-3 酯化粗产物组分切割示意图

(二) 酯化粗产物分离回收过程的各塔物料组成

酯化粗产物分离回收系统各塔物料组成见表 3-16。

表 3-16 酯化粗产物分离回收系统各塔物料组成

塔 名 称	塔 顶	塔 底	进 料
T110 丙烯酸分馏塔	甲醇、丙烯酸甲酯、水	丙烯酸、重组分	自 R101
T130 醇萃取塔	丙烯酸甲酯等	甲醇、水	自 T110 塔顶
T140 醇回收塔	甲醇	水	自 T130 塔底
T150 醇拔头塔	甲醇等	丙烯酸甲酯等	自 T130 塔顶
T160 酯提纯塔	成品丙烯酸甲酯	少量重组分	自 T150 塔底

(三) 酯化粗产物分离回收过程的塔系组成

酯化粗产物分离回收系统塔系组成如图 3-4 所示。

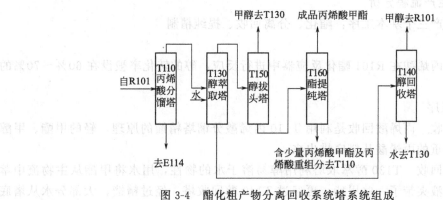

图 3-4 酯化粗产物分离回收系统塔系组成

思考与练习

1. 丙烯酸与甲醇酯化生成丙烯酸甲酯按反应方程式投料摩尔比应为 1:1，但实际生产过程中的投料酸与醇摩尔比为 1∶0.75，为什么？

2. 丙烯酸分馏塔 T110 塔顶馏出物有什么特点？写出其组成。该塔为什么采用减压操作？

3. 本工艺中甲醇的回收采用了怎样的分离方法组合？

4. 醇拔头塔 T150 的作用是什么？

5. 酯提纯塔 T160 的作用是什么？

6. 粗丙烯酸甲酯经过醇拔头塔 T150 提纯后，为什么还要经过酯提纯塔 T160 精制？

四、掌握酯化工艺总流程

（一）丙烯酸甲酯生产工艺总流程

丙烯酸甲酯生产工艺流程见图 3-5。

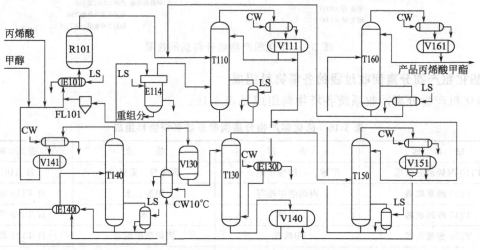

图 3-5　丙烯酸甲酯生产工艺流程

R101—酯化反应器；T110—分馏塔；T130—萃取塔；T140—醇回收塔；T150—醇拔头塔；T160—酯提纯塔；
E114—薄膜蒸发器；E101—预热器；FL101—过滤器；E140—换热器；E130—冷却器；V141—回收甲醇储槽；
V111—回流罐；V130—水储罐；V140—甲醇水溶液储罐；V151—分层回流罐；V161—回流罐

（二）丙烯酸甲酯生产流程分析

丙烯酸甲酯生产三个基本工序：酯化、分离回收、提纯精制。

1. 酯化工序

甲醇与过量的丙烯酸在 R101 酯化反应器中进行反应，醇的转化率被设在 60%～70% 的中等程度。

2. 分离回收工序

（1）丙烯酸回收　丙烯酸回收是利用 T110 丙烯酸分馏塔精馏的原理，轻的甲酯、甲醇和水从塔顶蒸出，重的丙烯酸从塔底排出来。

（2）醇萃取及回收　T130 醇萃取塔利用醇易溶于水的物性，用水将甲酯从主物流中萃取出来，同时萃取液夹带了一些甲酯，再经过 T140 醇回收塔，经过精馏，大部分水从塔底排出，甲醇和甲酯从塔顶蒸出，返回反应器循环使用。

3. 酯提纯精制工序

（1）醇拔头　T150 醇拔头塔为精馏塔，利用精馏的原理，将主物流中少部分的醇从塔顶蒸出，含有甲酯和少部分重组分的物流从塔底排出，并进一步分离。

(2) 酯精制　T160酯精制塔为精馏塔，利用精馏的原理，将主物流从塔顶蒸出，塔底部分重组分返回丙烯酸分馏塔重新回收

(三) 主要设备一览表

甲酯设备总览（包括反应器、塔、泵及加热器）见表3-17。

表3-17　甲酯设备总览（包括反应器、塔、泵、加热器）

序号	设备位号	设备名称（中英文）	设备原理
1	E101	R101 PREHEATER R101 预热器	换热器
2	FL101A/B	REACTOR RECYCLE FILTER 反应器循环过滤器	
3	R101	ESTERIFICATION REACTOR 酯化反应器	1. 这是固定床反应器 2. 甲酯的酯化反应在固定床反应器内进行它是一个可逆反应，本工艺采用酸过量使反应向正方向进行
4	T110	AA FRACTIONATOR 丙烯酸分馏塔	1. 这是精馏塔 2. 丙烯酸回收是利用丙烯酸分馏塔精馏的原理
5	E112	T110 CONDENSER T110 冷凝器	冷凝器
6	V111	T110 RECEIVER T110 塔顶受液罐	油水气三项分离器（堰板式），左边分离出来水通过泵P112A进入缓冲罐，右边是分离出来的油（主要是醇、酯），同P111A进入下一单元。
7	P111A	T110 REFLUX PUMP T110 回流泵	
8	P112A	V111 WATER DRAW OFF PUMP V111 排水泵	
9	E114	T110 2ND REBOILER 二段再沸器	薄膜蒸发器
10	E130	T130 FEED COOLER T130 给料冷却器	
11	T130	ALCOHOL EXTRACTION COLUMN 醇萃取塔	1. 这是醇萃取塔 2. 利用甲醇易溶于水的物性，用水将甲醇从主物流中萃取出来
12	V130	V130 WATER FEED DRUM V130 给水罐	
13	P130A	T130 WATER FEED PUMP T130 给水泵	
14	V140	T140 BUFFER DRUM T140 缓冲罐	
15	P142A	T140 FEED PUMP T140 给料泵	

序号	设备位号	设备名称（中英文）	设备原理
16	E140	T140 BOTTOMS 1ST COOLER T140底部一段冷却器	
17	T140	ALCOHOL RECOVERY COLUMN 醇回收塔	1. 这是精馏塔 2. T130底部得到的萃取液经过精馏，大部分水从塔底排出，甲醇和甲酯从塔顶蒸出，返回反应器循环使用
18	E144	T140 BOTTOMS 2ND COOLER T140底部二段冷却器	
19	E142	T140 CONDENSER T140塔顶冷凝罐	
20	V141	T140 RECEIVER T140塔顶受液罐	
21	P141A	T140 REFLUX PUMP T140回流泵	
22	T150	ALCOHOL TOPPING COLUMN 醇拔头塔	1. 醇拔头塔为精馏塔 2. 利用精馏的原理，将主物流中少部分的醇从塔顶蒸出，含有甲酯和少部分重组分的物流从塔底排出，并进一步分离
23	E152	T150 CONDENSER T150塔顶冷凝器	
24	V151	T150 RECEIVER T150塔顶受液罐	分离器，下面是水包，上面是油包，水自流进入到V140做萃取液。
25	P151A	T150 REFLUX PUMP T150回流泵	
26	P150A	T150 BOTTOMS PUMP T150底部泵	
27	T160	ESTER PURIFICCATION COLUMN 酯提纯塔	1. 酯精制塔为精馏塔 2. 利用精馏的原理，将主物流从塔顶蒸出，塔底部分重组分返回丙烯酸分馏塔重新回收
28	P160A	T160 REFLUX PUMP T160底部泵	
29	E162A	T160 CONDENSER T160塔顶冷却器	
30	V161	T160 RECEIVER T160塔顶受液罐	
31	P161A	T160 REFLUX PUMP T160回流泵	

单元三 丙烯酸甲酯生产技术

续表

序号	设备位号	设备名称（中英文）	设备原理
32	E111	T110 REBOILER T110 再沸器	
33	P110A	T110 BOTTOMS PUMP T110 塔底泵	
34	P114A	E114 BOTTOMS PUMP E114 底部泵	
35	E141	T140 REBOILER T140 再沸器	
36	P140A	T140 BOTTOMS PUMP T140 底部泵	
37	E151	T150 REBOILER T150 再沸器	
38	E161	T160 REBOILER T160 再沸器	

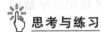

思考与练习

1. 丙烯酸与甲醇酯化生成丙烯酸甲酯，通常控制甲醇的转化率为 60%～70%，为什么？
2. 薄膜蒸发器 E114 的作用是什么？
3. 丙烯酸分馏塔 T110 塔顶回流罐 V111 的结构有何特点？为什么采用这种结构的回流罐？
4. 甲醇萃取塔采用了怎样的操作条件？为什么？
5. 热交换器 E140 是加热器还是冷却器？为什么？
6. 按图 3-5 描述丙烯酸甲酯生产工艺流程。

五、丙烯酸甲酯工艺仿真实训安全规定

作为甲酯车间岗位操作工，你将进入实训车间实习，为此你应了解实训车间危险源，熟悉实训车间劳动安全卫生规章制度，具有安全实训意识和判断风险的初步能力，会分析事故发生的主要原因，能在实训教师指导下处理简单事故。

（一）危险源包括的主要内容

（1）物料方面　酸、碱、乙醇、CO_2、苯甲酸、乙酸乙酯、油等。
（2）能源方面　电、蒸汽、水（和电在一起）。
（3）物品方面
① 根据实训车间情况特有　保温、仪表、管架子、设备（运转）。
② 任何情况都有　下水井、路面、高空坠落、机车、走台、走梯等。

（二）实训车间工业卫生和劳动保护

如图 3-6 所示，按规定穿戴卫生和劳动保护用品如下：进入化工单元实训基地必须穿戴劳防用品，在指定区域正确戴上安全帽，穿上安全鞋，在进入任何作业过程中要佩戴安全防

护眼镜，在任何作业过程中佩戴合适的防护手套。无关人员未得允许不得进入实训基地。

1. 动设备操作安全注意事项

① 检查柱塞计量泵润滑油油位是否正常。

② 检查冷却水系统是否正常。

③ 确认工艺管线，工艺条件正常。

④ 启动电机前先盘车，正常才能通电。通电时立即查看电机是否启动；若启动异常，应立即断电。避免电机烧毁。

⑤ 启动电机后看其工艺参数是否正常。

⑥ 观察有无过大噪声，振动及松动的螺栓。

⑦ 观察有无泄漏。

⑧ 电机运转时不允许接触转动件。

2. 静设备操作安全注意事项

① 操作及取样过程中注意防止静电产生。

② 装置内的塔、罐、储槽在需清理或检修时应按安全作业规定进行。

图 3-6　卫生和劳动保护用品

③ 容器应严格按规定的装料系数装料。

3. 用电安全

① 进行实训之前必须了解室内总电源开关与分电源开关的位置，以便出现用电事故时及时切断电源。

② 在启动仪表柜电源前，必须清楚每个开关的作用。

③ 启动电机，上电前先用手转动一下电机的轴，通电后，立即查看电机是否已转动；若不转动，应立即断电，否则电机很容易烧毁。

④ 在实训过程中，如果发生停电现象，必须切断电闸。以防操作人员离开现场后，因突然供电而导致电器设备在无人看管下运行。

⑤ 不要打开仪表控制柜的后盖和强电桥架盖，应请专业人员进行电器的维修。

⑥ 采用电热棒加热导热油的装置，在向导热油炉通电之前，一定要确保加热棒已完全浸没在液体中。

4. 烫伤的防护

使用蒸汽、导热油加热的实训装置，凡是有蒸汽、导热油通过的地方都有烫伤的可能，尤其是没有保温层覆盖的地方更应注意。空气被加热后温度很高，疏水器的排液温度更高，不能站在热空气和疏水器排液出口处，应规范操作，以免烫伤。

5. 蒸汽分配器的使用

按照国家标准蒸汽分配器为压力容器，应按国家标准进行定期检验与维护，不允许不经检验使用。

6. 高压钢瓶的安全知识

实训装置有的要使用高压二氧化碳钢瓶。

① 使用高压钢瓶的主要危险是钢瓶可能爆炸和漏气。若钢瓶受日光直晒或靠近热源，瓶内气体受热膨胀，以致压力超过钢瓶的耐压强度时，容易引起钢瓶爆炸。

② 搬运钢瓶时，钢瓶上要有钢瓶帽和橡胶安全圈，并严防钢瓶摔倒或受到撞击，以免发生意外爆炸事故。使用钢瓶时，必须牢靠地固定在架子上、墙上或实训台旁。

③ 绝不可把油或其他易燃性有机物黏附在钢瓶上（特别是出口和气压表处）；也不可用麻、棉等物堵漏，以防燃烧引起事故。

④ 使用钢瓶时，一定要用气压表，而且各种气压表一般不能混用。一般可燃性气体的钢瓶气门螺纹是反扣的（如 H_2，C_2H_2），不燃性或助燃性气体的钢瓶气门螺纹是正扣的（如 N_2，O_2）。

⑤ 使用钢瓶时必须连接减压阀或高压调节阀，不经这些部件让系统直接与钢瓶连接是十分危险的。

⑥ 开启钢瓶阀门及调压时，人不要站在气体出口的前方，头不要在瓶口之上，而应在瓶之侧面，以防万一钢瓶的总阀门或气压表被冲出伤人。

⑦ 当钢瓶使用到瓶内压力为 0.5MPa 时，应停止使用。压力过低会给充气带来不安全因素，当钢瓶内压力与外界压力相同时，会造成空气的进入。

7. 使用梯子

不能使用有缺陷的，登梯前必须确保梯子支撑稳固，上下梯子应面向梯子并且双手扶梯，一人登高时要有同伴护稳梯子

8. 防火措施

有些反应物、乙醇、煤油属于易燃易爆品，操作过程中要严禁烟火。当反应器压力过高时，应及时处理，避免反应器内反应物外泄。

9. 环保

不得随意丢弃化学品，不得随意乱扔垃圾，避免水、能源和其他资源的浪费，保持实训基地的环境卫生。本实训装置无"三废"产生。在实验过程中，要注意，不能发生热油的跑、冒、滴、漏。

10. 职业卫生

(1) 噪声对人体的危害　噪声对人体的危害是多方面的，噪声可以使人耳聋，引起高血压、心脏病、神经官能症等疾病。还污染环境，影响人们的正常生活降低劳动生产率。

(2) 工业企业噪声的卫生标准　工业企业生产车间和作业场所的工作点的噪声标准为 85dB。

现有工业企业经努力暂时达不到标准时，可适当放宽，但不能超过 90dB。

(3) 噪声的防扩　噪声的防扩方法很多，而且不断改进，主要有三个方面，即控制声源、控制噪声传播、加强个人防护。当然，降低噪声的根本途径是对声源采取隔声、减震和消除噪声的措施。

11. 行为规范

① 不准吸烟；
② 保持实训环境的整洁；
③ 不准从高处乱扔杂物；
④ 不准随意坐在灭火器箱、地板和教室外的凳子上；

⑤ 非紧急情况下不得随意使用消防器材（训练除外）；
⑥ 不得依靠在实训装置上；
⑦ 在实训基地、教室里不得打骂和嬉闹；
⑧ 使用好的清洁用具按规定放置整齐。

任务三　了解丙烯酸甲酯车间布置

任务描述

作为丙烯酸甲酯车间岗位操作工，为了尽快掌握丙烯酸甲酯生产过程，你应具备安全生产防护知识，了解车间内生产设施、生产辅助设施、生活行政设施和其他特殊设施布置情况，如了解劳动保护室、控制室、配电室，了解塔、换热器、容器、反应器、泵与压缩机布置情况，了解物料管线分布情况等。

参见图 3-5，描述流程图中丙烯酸甲酯生产工艺过程；结合实训车间，在教师指导下了解丙烯酸甲酯车间布置情况，按要求完成表 3-18（填写设备位置、位号及名称；公用工程管线、管廊线的名称），学生分组讨论。

表 3-18　甲酯车间布置统计

项　目	位　置	位　号	名　称	备　注
反应设备				
分离设备				
换热设备				
储罐				
泵				
公共管线				
其他				

思考与练习

1. 以甲酯实训车间为例，说明车间组成包括哪些具体内容。
2. 查阅相关资料，了解车间布置一般原则，谈谈车间布置是如何做到防火、防爆、防尘、防湿与防高温。

知识园地　丙烯酸甲酯车间布置原则——装置安全

由于丙烯酸甲酯生产过程所涉及的原料及产品多属易燃易爆物料，所以在装置的设计和运转中，一定要采取足够的安全措施，它主要体现在以下几个方面。

（1）总图布置。在总图布局中，要考虑到物料的火灾危险性，严格按照国家相应的规范标准，在诸如安全技术距离、设置消防通道、有害气体的扩散等方面作统筹综合考虑。

（2）罐区安全措施。要根据不同物料的性质进行储罐的排布，设置必要范围、高度的围堰，设立安全进出口。对于高闪点易燃物的储存部位，设置可燃气体自动检测设施是必要的。

(3) 建筑及框架。要尽量采用敞开或半敞开式房，主要承重构件要采用非燃烧体，混凝土或钢柱承重构件外表面要有防火保护层。可作为卸压通道的房屋门窗的面积要足够大。

(4) 安全消防系统。在装置的不同部位，配备一定密度的灭火器材（如干粉灭火器等），如有条件，在装置区设置固定消防系统，它可包括消防水栓、消防水枪、消防泡沫发生送出和注入系统、控制室的哈龙灭火装置等。

(5) 电气设备的防雷击、防静电设计和设施。

(6) 关键控制系统的不间断供电。

(7) 工艺装置中压力监测（报警）点、卸压安全阀、防爆孔的设置以及自动联锁系统的设置。

任务四　识读与描述丙烯酸甲酯生产现场工艺流程

任务描述

能识读与描述各单元物料工艺流程，熟悉主要设备、仪表、阀门的位号、功能、工作原理和使用方法；熟悉现场装置，能在现场找出流程中各单元的主要设备、仪表、阀门和主辅物料管线，找出各设备关键参数控制点，了解这些关键参数调节方法及控制指标；能绘出各单元现场工艺流程草图。

一、识读与描述酯化单元现场工艺流程

> 要求：识读与分析酯化单元的设备与现场阀门，能找出现场物料流程，描述生产过程；能绘出酯化单元现场工艺流程草图。

1. 识读酯化单元中的设备与现场阀门

如图 3-7 是酯化单元酯化反应器 R101 工艺流程图，认真观察该图，了解酯化单元的主

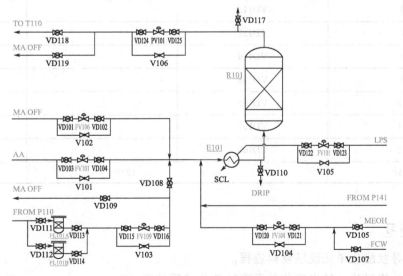

图 3-7　R101 工艺流程图

要设备及现场阀门的位置、类型、构造、工作原理和维护方法等，参照丙烯酸甲酯工艺仿真操作手册，完成表 3-19～表 3-21。

表 3-19　R101 酯化反应单元主要设备

设备位号	名称	作用
R101		
E101		
FL101A/B		

表 3-20　R101 酯化反应器单元调节阀

调节阀	前阀	后阀	旁路阀	备注
FV101				
FV109				
FV104				
FV106				
TV101				
PV101				
总计		6 个调节器，总计含 18 个阀		

表 3-21　R101 酯化反应单元其他阀门

序号	位号	名称	备注
1	VD117		
2	VD118		
3	VD119		
4	VD110		
5	VD111		
6	VD113		
7	VD112		
8	VD114		
9	VD108		
10	VD109		
11	VD107		
12	VD105		
总计		12 个	

思考与练习

1. 分组寻找酯化单元现场物料流程。
2. 学生分组讨论，绘出酯化单元现场工艺流程草图。

2. 识读酯化单元中的仪表与流程

要求：了解传感器测量原理，学会显示仪表及控制仪表的正常使用方法；能参照丙烯酸甲酯工艺仿真操作手册，读懂酯化单元的控制方案，了解相关关键参数调节方法及控制指标；能熟练地调用各个画面，并能与现场阀门结合完成相关操作。

识读与分析酯化单元 DCS 图。

如图 3-8 所示为酯化单元酯化反应器 R101 的 DCS 图，认真观察该图，识读温度和过滤压差显示仪表；操作压差、温度和流量调节器。这些显示仪表和调节器，根据需要都有各自的位号，流量、液位、压力和温度的位号分别以 F/L/P 和 T 开头。参照丙烯酸甲酯工艺仿真操作手册，完成表 3-22 和表 3-23。

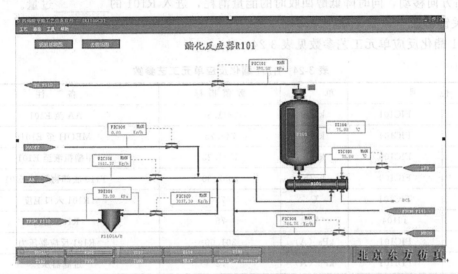

图 3-8　R101 DCS 图

表 3-22　R101 酯化反应器单元显示仪表

显示仪表名称	位　号	显示变量	正常值	备　注
压差显示仪表	PDI101			
温度显示仪表	TI104			

表 3-23　R101 酯化反应单元调节器

调节器名称	位　号	调节变量	正常值	单　位	备　注
流量调节器	FIC101				
	FIC109				
	FIC104				
	FIC106				
温度调节器	TIC101				
压差调节器	PIC101				

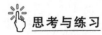 思考与练习

1. 描述酯化单元的管道仪表流程。

2. 调整 FIC101 和 FIC104，改变丙烯酸和甲醇的流量，观察 R101 酯化反应单元显示仪表及调节器的表中哪些参数发生了变化，它们变化的原因，从中可以得出什么结论。

3. 讨论 FV101 与 FIC101 区别与联系。

3. 描述酯化单元工作过程

叙述酯化单元工艺流程并完成下面填空练习：

从罐区来的新鲜的丙烯酸和甲醇分别经过位号为_____与位号为_____的原料调节器与从醇回收塔_____顶回收的循环的甲醇以及从丙烯酸分馏塔_____底回收的经过循环过滤器_____及位号为_____的原料调节器的部分丙烯酸作为混合进料，经过反应预热器_____预热到指定温度_____后送至酯化反应器_____进行反应。为了使平衡反应向产品方向移动，同时降低醇回收时的能量消耗，进入 R101 的_____过量。

4. 关键参数

R101 酯化反应单元工艺参数见表 3-24。

表 3-24 R101 酯化反应单元工艺参数

	位 号	单 位	数值指标	备 注
流量	FIC101	kg/h	1841.36	AA 至 E101
	FIC104	kg/h	744.75	MEOH 至 E101
	FIC106	kg/h	1741.23	甲酯粗液至 E101
	FIC109	kg/h	3037.30	T110 底部物料至 E101
温度	TIC101	℃	75	R101 入口温度
	TI104	℃	75	R101 温度
压力	PIC101	kPa（A）	301.00	R101 反应器压力
	PDI101	kPa（A）	72	过滤器压差

注：表中 A 表示绝对压力，下同。

5. R101 质量步骤分（以冷态开车为例）

调节 PV101 的开度，控制 R101 绝对压力为 301kPa。
调节 TV101 的开度，控制反应器入口温度为 75℃。

6. 扣分项

失误扣分：R101 绝对压力大于 318kPa；反应器反应温度超过 85℃。

思考与练习

1. 查阅酯化单元工艺流程图，找出进入 R101 的原料丙烯酸、甲醇有哪几股？分别从哪里来？再找出实训现场 R101 设备进出物料主要管线。
2. 阀 VD117、VD110 在流程图与现场什么位置？起什么作用？
3. R101 压力如何控制？
4. R101 温度如何控制？

二、识读与描述分离回收单元现场工艺流程

分离回收单元，包括没反应原料丙烯酸、甲醇的分离与回收，涉及丙烯酸分馏单元、醇

单元三 丙烯酸甲酯生产技术

萃取单元及醇回收单元。

(一) 识读与分析丙烯酸分馏单元工艺流程

> **要求**:识读与分析丙烯酸分馏单元的设备与现场阀门,能找出现场物料流程,描述生产过程;能绘出丙烯酸分馏单元现场工艺流程草图。

1. 识读丙烯酸分馏单元的设备与现场阀门

如图 3-9 是丙烯酸分馏单元 T110 工艺流程图,认真观察该图,了解丙烯酸分馏单元的主要设备及现场阀门的位置、类型、构造、工作原理维护方法等,参照丙烯酸甲酯工艺仿真操作手册,完成表 3-25~表 3-27。

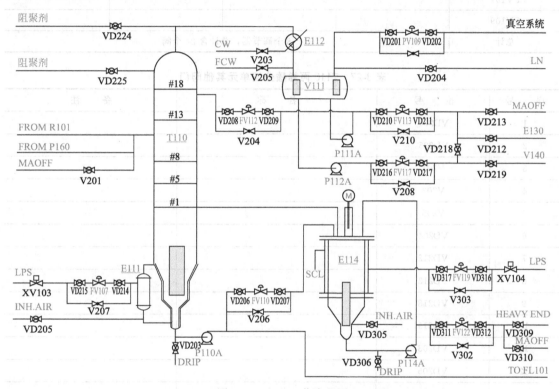

图 3-9 T110 工艺流程图

表 3-25 T110 丙烯酸分馏单元主要设备

设备位号	名 称	作 用
T110		
E111		
E112		
E114		
V111		
P111A		
P112A		
P110A		
P114A		

表 3-26　T110 丙烯酸分馏单元调节阀

调节阀	前阀	后阀	旁路阀	备注
FV112				
FV113				
FV117				
FV110				
FV122				
FV119				
FV107				
PV109				
总计		8 个调节器，总计含 24 个阀		

表 3-27　T110 丙烯酸分馏单元其他阀门

序号	位号	名称	备注
1	VD224		
2	VD225		
3	V201		
4	V203		
5	V205		
6	VD204		
7	VD212		
8	VD213		
9	VD218		
10	VD219		
11	VD203		
12	VD205		
13	XV103		
14	XV104		
15	VD305		
16	VD309		
17	VD310		
18	VD306		
总计		18 个	

思考与练习

1. 分组寻找丙烯酸分馏单元现场物料流程。
2. 学生分组讨论，分组绘制 T110/V111/E114 设备现场工艺流程草图。

2. 识读丙烯酸分馏单元的仪表与流程

> **要求：**了解传感器测量原理，学会显示仪表及控制仪表的正常使用方法；能参照丙烯酸甲酯工艺仿真操作手册，读懂丙烯酸分馏塔的控制方案，了解相关关键参数调节方法及控制指标；能熟练调用各个画面，并能与现场阀门结合完成相关操作。

识读与分析丙烯酸分馏单元、薄膜蒸发器单元 DCS 图。

如图 3-10 和图 3-11 分别是丙烯酸分馏塔 T110、薄膜蒸发器 E114 的 DCS 图，认真观察该图，识读温度、流量和压力显示仪表；操作压差、温度、液位和流量调节器。这些显示仪表和调节器，根据需要都有各自的位号，流量、液位、压力和温度的位号分别以 F/L/P 和 T 开头。参照丙烯酸甲酯工艺仿真操作手册，完成表 3-28 和表 3-29。

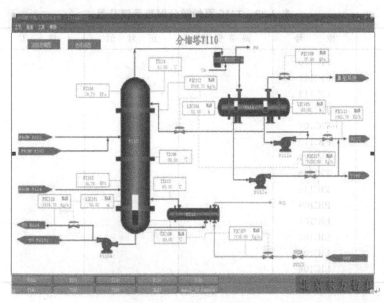

图 3-10　T110 DCS 图

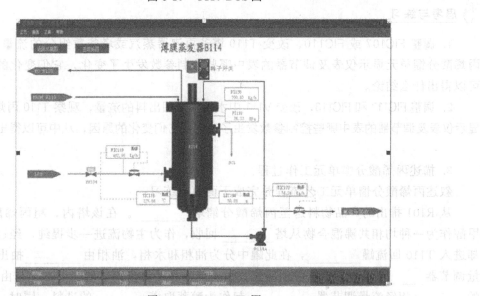

图 3-11　E114 DCS 图

表 3-28　T110 丙烯酸分馏单元显示仪表

显示仪表名称	位　号	显示变量	正　常　值	备　注
温度显示仪表	TI111			
	TI109			
	TI113			
压力显示仪表	PI103			
	PI104			
	PI110			
流量显示仪表	FI120			

表 3-29　T110 丙烯酸分馏单元调节器

调节器名称	位　号	调节变量	正　常　值	单　位	备　注
流量调节器	FIC110				
	FIC112				
	FIC113				
	FIC117				
	FIC107				
	FIC119				
	FIC122				
温度调节器	TIC108				
	TIC115				
压差调节器	PIC109				
液位调节器	LIC101				
	LIC103				
	LIC104				
	LIC106				

思考与练习

1. 调整 FIC107 或 FIC110，改变 T110 塔釜再沸器蒸汽或塔釜重组分的流量，观察 T110 丙烯酸分馏单元显示仪表及调节器的表中哪些控制参数发生了变化，它们变化的原因，从中可以得出什么结论。

2. 调整 FIC117 和 FIC113，改变 V111 中水相和油相出料的流量，观察 T110 丙烯酸分馏单元显示仪表及调节器的表中哪些控制参数发生了变化，它们变化的原因，从中可以得出什么结论。

3. 描述丙烯酸分馏单元工作过程

叙述丙烯酸分馏单元工艺流程并完成下面填空练习：

从 R101 排出的产品物料送至丙烯酸分馏塔＿＿＿＿。在该塔内，粗丙烯酸甲酯、水、甲醇作为一种均相共沸混合物从塔＿＿＿回收，作为主物流进一步提纯，经过＿＿＿冷却进入 T110 回流罐＿＿＿，在此罐中分为油相和水相，油相由＿＿＿抽出，一路经流量调节器＿＿＿作为 T110 塔顶回流，另一路油相经流量调节器＿＿＿与由 P112A 抽出的＿＿＿相经流量调节器＿＿＿一起作为醇萃取塔＿＿＿的进料。同时，从塔底回收未转化的_____。

T110 塔底，一部分的丙烯酸及酯的二聚物、多聚物和阻聚剂等重组分送至薄膜蒸发器_____分离出_____，回收到 T110 中，_____送至废水处理单元重组分储罐。

4. 关键参数

T110 丙烯酸分馏单元工艺参数见表 3-30。

表 3-30　T110 丙烯酸分馏单元工艺参数

	位　号	单　位	数 值 指 标	备　注
流量	FIC110	kg/h	1518.76	T110 塔釜至 E114
	FIC112	kg/h	6746.33	V111 至 T110 回流
	FIC113	kg/h	1962.79	V111 油相至 T130
	FIC117	kg/h	1400.00	V111 水相至 T130
	FIC107	kg/h	2135.00	LPS（塔底再沸蒸汽）至 E111
温度	TI111	℃	41	T110 塔顶温度
	TI109	℃	69	T110 进料段温度
	TIC108	℃	80	T110 塔底温度
	TI113	℃	89	再沸器 E111 至 T110 温度
压力	PI104	kPa（A）	28.70	T110 塔顶压力
	PI103	kPa（A）	34.70	T110 塔釜压力
	PIC109	kPa（A）	27.86	V111 罐压力
液位	LIC101	％	50	T110 液位
	LIC103	％	50	V111 液位
	LIC104	％	50	V111 液位
E114 薄膜蒸发器				
流量	FIC119	kg/h	462	LPS 至 E114
	FIC122	kg/h	74.24	E114 至重组分回收
	FI120	kg/h	700	E114 回流
温度	TIC115	℃	120.50	E114 温度
压力	PI110	kPa（A）	35.33	E114 压力
液位	LIC106	％	50	E114 液位

5. T110 质量步骤

控制 LIC103 液位稳定在 50％。

控制 FIC113 流量稳定在 1962.79kg/h。

控制 LIC104 液位在 50％。

控制 FIC117 流量稳定在 1400kg/h。

控制 LIC101 液位在 50％。

控制 FIC110 流量稳定在 1518.76kg/h。

控制 FIC112 流量稳定在 6746.34kg/h。

控制 TIC108 温度为 80℃。
控制 TIC115 温度为 120.5℃。
控制 LIC106 液位在 50%。
控制 FIC122 流量稳定在 74.24kg/h。

6. 扣分项

失误扣分：T110 塔釜液位过高；V111 油相液位过高；V111 水相液位过高；E114 液位过高。

思考与练习

1. 查阅工艺流程图，找出进入 T110 的物料有哪几股，分别从哪里来？再找出实训现场 T110 设备进出物料主辅管线。
2. 什么是串级调节？找出本单元串级调节仪表，说说它们的控制过程。
3. T110 塔釜液位过高，采取怎样控制措施。
4. E114 液位控制仪表名称，如果塔釜超液位，采取怎样控制措施。
5. V111 水相、油相液位控制仪表是如何工作的，如果超液位，采取怎样控制措施。

（二）识读与分析甲醇萃取单元工艺流程

> **要求：** 识读与分析甲醇萃取单元的设备与现场阀门，能找出现场物料流程，描述生产过程；能绘出甲醇萃取单元现场工艺流程草图。

1. 识读甲醇萃取单元的设备与现场阀门

如图 3-12 是甲醇萃取单元 T130 工艺流程图，认真观察该图，了解甲醇萃取单元的主要设备及现场阀门的位置、类型、构造、工作原理维护方法等，参照丙烯酸甲酯工艺仿真操作手册，完成表 3-31～表 3-33。

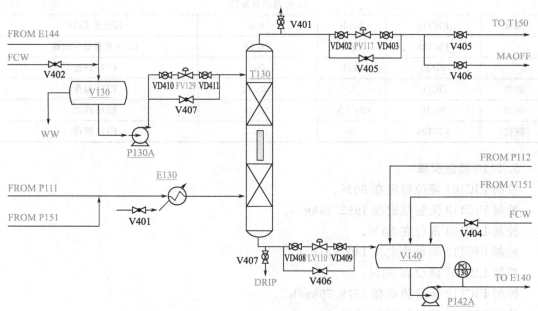

图 3-12　T130 工艺流程图

单元三 丙烯酸甲酯生产技术

表 3-31 T130 甲醇萃取单元主要设备

设备位号	名 称	作 用
T130		
E130		
V130		
V140		
P130A		
P142A		

表 3-32 T130 甲醇萃取单元调节阀

调节阀	前 阀	后 阀	旁路阀	备 注
FV129				
PV117				
LV110				
总计	3 个调节器，总计含 9 个阀			

表 3-33 T130 甲醇萃取单元其他阀门

序 号	位 号	名 称	备 注
1	V401		
2	V402		
3	V404		
4	VD405		
5	VD406		
6	VD401		
7	VD407		
总计	7 个		

👆 思考与练习

1. 分组寻找甲醇萃取单元实训现场物料流程。
2. 学生分组讨论，绘出甲醇萃取单元现场流程草图。

2. 识读甲醇萃取单元的仪表与流程

> 要求：了解传感器测量原理，学会显示仪表及控制仪表的正常使用方法；能参照丙烯酸甲酯工艺仿真操作手册，读懂甲醇萃取单元的控制方案，了解相关关键参数调节方法及控制指标；能熟练调用各个画面，并能与现场阀门结合完成相关操作。

识读与分析甲醇萃取单元 DCS 图。

如图 3-13 是甲醇萃取单元的 DCS 图，认真观察该图，识读温度和流量显示仪表；操作压力、液位和流量调节器。这些显示仪表和调节器,根据需要都有各自的位号,流量、液位、压力和温度的位号分别以 F/L/P 和 T 开头。参照丙烯酸甲酯工艺仿真操作手册,完成表 3-34 及表 3-35。

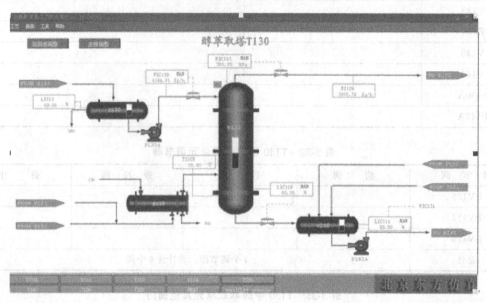

图 3-13 T130 DCS 图

表 3-34 T130 甲醇萃取单元显示仪表

显示仪表名称	位　号	显示变量	正　常　值	备　注
流量显示仪表	FI128			
温度显示仪表	TI125			
液位显示仪表	LI113			

表 3-35 T130 甲醇萃取单元调节器

调节器名称	位　号	调节变量	正　常　值	单　位	备　注
流量调节器	FIC129				
	FIC131				
压力调节器	PIC117				
液位调节器	LIC110				
	LIC111				

思考与练习

1. 调整 PIC117,改变 T130 塔顶出料的流量,观察 T130 甲醇萃取单元显示仪表及调节器的表中哪些参数发生了变化,它们变化的原因,从中可以得出什么结论。

2. 调整 FIC129,改变 T130 塔萃取剂水的流量,观察 T130 甲醇萃取单元显示仪表及调节器的表中哪些参数发生了变化,它们变化的原因,从中可以得出什么结论。

3. 描述甲醇萃取单元工作过程
   叙述甲醇萃取单元工艺流程并完成填空练习:

T110 的塔_____流出物经醇萃取塔进料冷却器_____冷却后被送往醇萃取塔_____。由于水-甲醇-甲酯为三元共沸系统，很难通过简单的蒸馏从水和甲醇中分离出甲酯，因此采用萃取的方法把_____从水和甲醇中分离出来。从 V130 由_____抽出溶剂_____经流量调节器_____加至萃取塔的顶部，通过液—液萃取，将未反应的_____从粗丙烯酸甲酯物料中萃取出来。

4. 关键参数

T130 醇萃取单元工艺参数见表 3-36。

表 3-36　T130 醇萃取单元工艺参数

位　号		单　位	数 值 指 标	备　注
流量	FIC129	kg/h	4144.91	V130 至 T130
	FIC131	kg/h	5371.94	V140 至 T140
	FI128	kg/h	3445.73	T130 至 T150
温度	TI125	℃	25	T130 温度
压力	PIC117	kPa（A）	301.00	T130 压力
液位	LIC110	%	50	T130 液位
	LIC111	%	50	V140 液位
	LI113	%	50	V130

5. T130 质量步骤（以冷态开车为例）

控制 FIC129 流量稳定在 4144.91kg/h。

控制 LIC111 液位在 50%。

控制 FIC131 流量稳定在 5371.93kg/h。

控制 LIC115 液位在 50%。

6. 扣分项

失误扣分：T130 绝对压力大于 315kPa。

思考与练习

1. 萃取剂从哪来？如何控制萃取剂流量。
2. V140 液位如何控制？

（三）识读与分析醇回收单元工艺流程

> 要求：识读与分析醇回收单元的设备与现场阀门，能找出现场物料流程，描述生产过程；能绘出醇回收单元现场工艺流程草图。

1. 识读醇回收单元的设备与现场阀门

如图 3-14 是醇回收单元 T140 工艺流程图，认真观察该图，了解醇回收单元的主要设备及现场阀门的位置、类型、构造、工作原理维护方法等，参照丙烯酸甲酯工艺仿真操作手册，完成表 3-37～表 3-39。

114 化学工艺

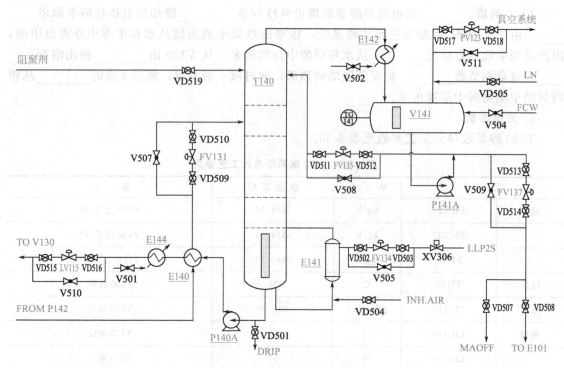

图 3-14　T140 工艺流程图

表 3-37　T140 醇回收单元主要设备

设备位号	名　称	作　用
T140		
E144		
E140		
E141		
E142		
V141		
P141A		
P140A		

表 3-38　T140 醇回收单元调节阀

调节阀	前　阀	后　阀	旁路阀	备　注
FV131				
FV135				
FV137				
FV134				
PV123				
LV115				
总　计		6 个调节器，总计含 18 个阀		

表 3-39　T140 醇回收单元其他阀门

序　号	位　号	名　称	备　注
1	VD519		
2	V501		
3	V502		
4	VD505		
5	V504		
6	VD507		
7	VD508		
8	VD504		
9	VD501		
10	XV306		
总计	10 个		

思考与练习

1. 分组寻找醇回收单元实训现场物料流程。
2. 学生分组讨论，绘出醇回收单元现场流程草图。

2. 识读醇回收单元的仪表与流程

> 要求：了解传感器测量原理，学会显示仪表及控制仪表的正常使用方法；能参照丙烯酸甲酯工艺仿真操作手册，读懂醇回收单元的控制方案，了解相关关键参数调节方法及控制指标；能熟练调用各个画面，并能与现场阀门结合完成相关操作。

识读与分析醇回收单元 DCS 图。

如图 3-15 是醇回收单元的 DCS 图，认真观察该图，识读温度和压力显示仪表；操作温

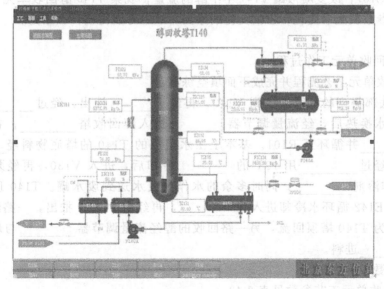

图 3-15　T140 DCS 图

度、压力、液位和流量调节器。这些显示仪表和调节器，根据需要都有各自的位号，流量、液位、压力和温度的位号分别以 F/L/P 和 T 开头。参照丙烯酸甲酯工艺仿真操作手册，完成表 3-40 及表 3-41。

表 3-40 T140 醇回收单元显示仪表

显示仪表名称	位　　号	显示变量	正常值	备　　注
压力显示仪表	PI121			
压力显示仪表	PI120			
温度显示仪表	TI134			
温度显示仪表	TI132			
温度显示仪表	TI131			
温度显示仪表	TI135			

表 3-41 T140 醇回收单元调节器

调节器名称	位　　号	调节变量	正常值	单　　位	备　　注
流量调节器	FIC134				
	FIC135				
	FIC137				
温度调节器	TIC133				
压力调节器	PIC123				
液位调节器	LIC115				
	LIC117				

思考与练习

1. 调整 LIC115，改变 T140 塔釜出料的流量，观察 T140 醇回收单元显示仪表及调节器的表中哪些参数发生了变化，它们变化的原因，从中可以得出什么结论。

2. 调整 FIC137，改变凝液罐 V141 中甲醇的流量，观察 T140 醇回收单元显示仪表及调节器的表哪些参数发生了变化，它们变化的原因，从中可以得出什么结论。

3. 描述醇回收单元工作过程

叙述醇回收单元工艺流程并完成下面填空练习：

从 T130 底部得到的萃取液进到 V140，再经_____抽出，经过_____与醇回收塔底分离出的水换热后，经流量调节器_____进入醇回收塔_____。在此塔中，在顶部回收_____并循环至 R101。基本上由水组成的 T140 的塔底物料经_____与进料换热后，再经过_____用 10℃ 的_____冷却后，进入 V130，再经泵抽出循环至 T130 重新用作溶剂_____，同时多余的水作为废水送到废水罐。T140 顶部是回收的_____，经 E142 循环水冷却进入到_____，再经由 P141A 抽出，一路经过流量调节器_____作为 T140 塔顶回流，另一路回收的醇经流量调节器_____与新鲜的醇合并为反应器_____进料。

4. 关键参数

T140 醇回收单元工艺参数见表 3-42。

表 3-42 T140 醇回收单元工艺参数

位号		单位	数值指标	备注
流量	FIC134	kg/h	1400.00	LPS 至 E141
	FIC135	kg/h	2210.81	V141 至 T140 回流
	FIC137	kg/h	779.16	T140 至 R101
温度	TI134	℃	60	T140 塔顶温度
	TIC133	℃	81	T140 第 19 块塔板温度
	TI132	℃	89	T140 第 5 块塔板温度
	TI131	℃	92	T140 塔釜温度
	TI135	℃	95	再沸器 E141 至 T140 温度
压力	PI121	kPa（A）	62.70	T140 塔顶压力
	PI120	kPa（A）	76.00	T140 塔釜压力
	PIC123	kPa（A）	61.33	V141 压力
液位	LIC115	％	50	T140 塔釜液位
	LIC117	％	50	V141 液位

5. T140 质量步骤（以冷态开车为例）

控制 LIC111 液位在 50％。

控制 FIC131 流量稳定在 5371.93kg/h。

控制 LIC115 液位在 50％。

控制 TIC133 温度为 81℃。

控制 LIC117 液位在 50％。

控制 FIC137 流量稳定在 779.16kG/h。

控制 FIC135 流量稳定在 2210.8kg/h。

6. 扣分项

失误扣分 T140 塔釜液位过高；V141 液位过高。

思考与练习

1. 找出实训现场 V141 设备进出主辅物料管线。
2. V141 液位如何控制？

三、识读与描述酯精制提纯单元现场工艺流程

酯精制提纯单元涉及醇拔头塔单元和酯提纯两个单元。

（一）识读与分析醇拔头塔单元工艺流程

> 要求：识读与分析醇拔头塔单元的设备与现场阀门，能找出现场物料流程，描述生产过程；能绘出醇拔头塔单元现场工艺流程草图。

1. 识读醇拔头塔单元的设备与现场阀门

如图 3-16 是醇拔头塔单元 T150 工艺流程图，认真观察该图，了解醇拔头塔单元的主要设备及现场阀门的位置、类型、构造、工作原理维护方法等，参照丙烯酸甲酯工艺仿真操作

手册,完成表3-43~表3-45。

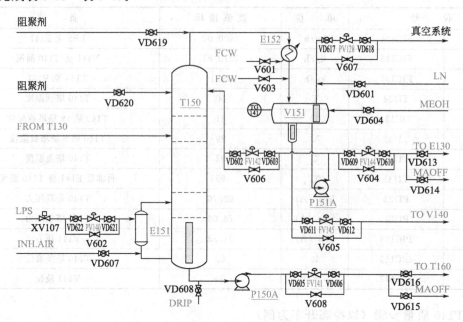

图 3-16　T150 工艺流程图

表 3-43　T150 醇拔头单元主要设备

设备位号	名　称	作　用
T150		
E151		
E152		
V151		
P151A		
P150A		

表 3-44　T150 醇拔头单元调节阀

调节阀	前　阀	后　阀	旁路阀	备　注
FV140				
FV141				
FV142				
FV144				
FV145				
PV128				
总计	6个调节器,总计含18个阀			

表 3-45　T150 醇拔头单元其他阀门

序　号	位　号	名　称	备　注
1	VD619		
2	VD620		
3	VD607		

续表

序号	位号	名称	备注
4	VD608		
5	V601		
6	V603		
7	VD601		
8	VD604		
9	VD613		
10	VD614		
11	VD615		
12	VD616		
13	XV107		
总计		13 个	

思考与练习

1. 分组寻找醇拔头塔单元现场物料流程。
2. 学生分组讨论，绘出醇拔头塔单元现场流程草图。

2. 识读醇拔头塔单元的仪表与流程

> **要求**：了解传感器测量原理，学会显示仪表及控制仪表的正常使用方法；能参照丙烯酸甲酯工艺仿真操作手册，读懂醇拔头塔单元的控制方案，了解相关关键参数调节方法及控制指标；能熟练调用各个画面，并能与现场阀门结合完成相关操作。

识读与分析醇拔头塔单元 DCS 图。

如图 3-17 是醇拔头塔单元的 DCS 图，认真观察该图，识读温度和压差显示仪表；操作

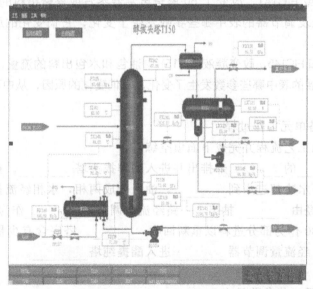

图 3-17　T150 DCS 图

温度、压力、液位和流量调节器。这些显示仪表和调节器，根据需要都有各自的位号，流量、液位、压力和温度的位号分别以 F/L/P 和 T 开头。参照丙烯酸甲酯工艺仿真操作手册，完成表 3-46 和表 3-47。

表 3-46　T150 醇拔头单元显示仪表

显示仪表名称	位　号	显示变量	正　常　值	备　注
压差显示仪表	PI125			
压差显示仪表	PI126			
温度显示仪表	TI142			
温度显示仪表	TI141			
温度显示仪表	TI143			
温度显示仪表	TI139			

表 3-47　150 醇拔头单元调节器

调节器名称	位　号	调节变量	正　常　值	单　位	备　注
流量调节器	FIC140				
	FIC141				
	FIC142				
	FIC144				
	FIC145				
温度调节器	TIC140				
压力调节器	PIC128				
液位调节器	LIC119				
	LIC121				
	LIC123				

思考与练习

1. 调整 FIC140 或 FIC141，改变 T150 塔釜再沸器蒸汽或塔釜出料的流量，观察 T150 醇拔头塔单元显示仪表及调节器的表中哪些参数发生了变化，它们变化的原因，从中可以得出什么结论。

2. 调整 FIC144 和 FIC145，改变凝液罐 V151 中油包和水包出料的流量，观察 T150 醇拔头塔单元显示仪表及调节器的表中哪些参数发生了变化，它们变化的原因，从中可以得出什么结论。

3. 描述醇拔头塔单元工作过程

叙述醇拔头单元工艺流程并完成下面填空练习：

抽余液从＿＿＿＿的＿＿＿＿部排出并进入到醇拔头塔＿＿＿＿。在此塔中，塔顶物流经过＿＿＿＿用循环水冷却进入到＿＿＿＿，油水分成两相，水相经流量调节器＿＿＿＿自流入 V140，油相再经由＿＿＿＿抽出，一路经流量调节器＿＿＿＿作为＿＿＿＿塔顶回流，另一路循环回至 T130 作为部分进料以重新回收＿＿＿＿。塔底含有少量重组分的甲酯物流经＿＿＿＿泵抽出，经流量调节器＿＿＿＿进入酯提纯塔＿＿＿＿。

4. 关键参数

T150 醇拔头单元工艺参数见表 3-48。

表 3-48　T150 醇拔头单元工艺参数

位	位 号	单 位	数值指标	备 注
流量	FIC140	kg/h	896.00	LPS 至 E151
	FIC141	kg/h	2194.77	T150 至 T160
	FIC142	kg/h	2026.01	V151 至 T150 回流
	FIC144	kg/h	1241.51	V151 至 T130
	FIC145	kg/h	44.29	V151 至 V140
温度	TI142	℃	61	T150 塔顶温度
	TI141	℃	65	T150 第 23 块塔板温度
	TIC140	℃	70	T150 第 5 块塔板温度
	TI143	℃	74	再沸器 E151 至 T150 温度
	TI139	℃	71	T150 塔釜温度
压力	PI125	kPa（A）	62.66	T150 塔顶压力
	PI126	kPa（A）	72.66	T150 塔釜压力
	PIC128	kPa（A）	61.33	V151 压力
液位	LIC119	%	50	T150 液位
	LIC121	%	50	V151 液位
	LIC123	%	50	V151 液位

5. T150 质量步骤分（以冷态开车为例）

控制 TIC140 温度为 70℃。

控制 LIC119 液位在 50%。

控制 FIC141 流量稳定在 2194.77kg/h。

控制 FIC142 流量稳定在 2026.01kg/h。

控制 LIC123 液位在 50%。

控制 FIC145 流量稳定在 44.29kg/h。

控制 LIC121 液位在 50%。

控制 FIC144 流量稳定在 1241.50kg/h。

6. 扣分项

扣分项：T150 塔釜液位过高；V151 油相液位过高；V151 水相液位过高。

思考与练习

1. 分组寻找实训现场 V151 设备进出物料主辅管线。
2. 找出本单元串级调节仪表，说说它们的控制过程。
3. T150 塔釜液位过高，采取怎样控制措施。
4. V151 水相、油相液位控制仪表是如何工作的，如果超液位，采取怎样控制措施。

（二）识读与分析酯提纯单元工艺流程

要求：识读与分析酯提纯单元的设备与现场阀门，能找出现场物料流程，描述生产过程；能绘出酯提纯单元现场工艺流程草图。

1. 识读酯提纯单元的设备与现场阀门

如图 3-18 是酯提纯单元 T160 工艺流程图，认真观察该图，了解酯提纯单元的主要设备及现场阀门的位置、类型、构造、工作原理维护方法等，参照丙烯酸甲酯工艺仿真操作手册，完成表 3-49～表 3-51。

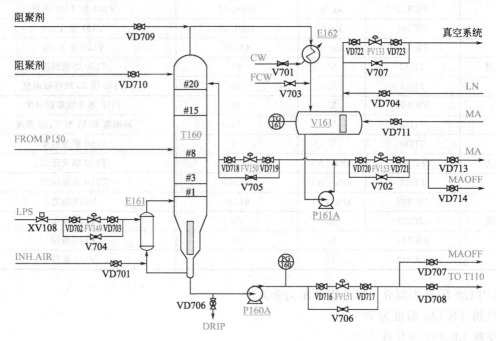

图 3-18　T160 工艺流程图

表 3-49　T160 酯提纯单元主要设备

设备位号	名称	作用
T160		
E162		
E161		
V161		
P161A		
P160A		

表 3-50　T160 酯提纯单元调节阀

调节阀	前阀	后阀	旁路阀	备注
FV150				
FV153				
FV151				
FV149				
PV133				
总计		5 个调节器，总计含 15 个阀		

表 3-51 T160 酯提纯单元其他阀门

序 号	位 号	名 称	备 注
1	VD709		
2	VD710		
3	VD701		
4	V701		
5	V703		
6	VD704		
7	VD711		
8	VD713		
9	VD714		
10	VD706		
11	VD707		
12	VD708		
总计		12 个	

思考与练习

1. 分组寻找酯提纯单元现场物料流程。
2. 学生分组讨论,绘出酯提纯单元现场流程草图。

2. 识读酯提纯单元的仪表与流程

> 要求:了解传感器测量原理,学会显示仪表及控制仪表的正常使用方法;能参照丙烯酸甲酯工艺仿真操作手册,读懂酯提纯单元的控制方案,了解相关关键参数调节方法及控制指标;能熟练调用各个画面,并能与现场阀门结合完成相关操作。

识读与分析酯提纯单元 DCS 图。

如图 3-19 是酯提纯单元的 DCS 图,认真观察该图,识读温度和压力显示仪表;操作温

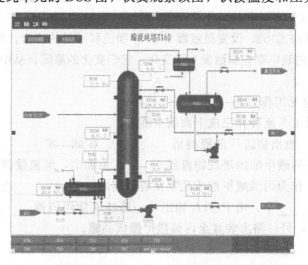

图 3-19 T160 DCS 图

度、压差、流量和液位调节器。这些显示仪表和调节器，根据需要都有各自的位号，流量、液位、压力和温度的位号分别以 F/L/P 和 T 开头。参照丙烯酸甲酯工艺仿真操作手册，完成表 3-52 及表 3-53。

表 3-52　T160 酯提纯单元显示仪表

显示仪表名称	位　号	显示变量	正常值	备　注
压力显示仪表	PI130			
压力显示仪表	PI131			
温度显示仪表	TI151			
温度显示仪表	TI150			
温度显示仪表	TI152			
温度显示仪表	TI147			

表 3-53　T160 酯提纯单元调节器

调节器名称	位　号	调节变量	正常值	单　位	备　注
流量调节器	FIC149				
	FIC150				
	FIC151				
	FIC153				
温度调节器	TIC148				
压差调节器	PIC133				
液位调节器	LIC125				
	LIC126				

思考与练习

1. 调整 FIC149 和 FIC151，改变 T160 塔釜再沸器蒸汽或塔釜出料的流量，观察 T160 酯提纯塔单元显示仪表及调节器的表中哪些参数发生了变化，它们变化的原因，从中可以得出什么结论。

2. 调整 FIC150 和 FIC153，改变凝液罐 V161 中回流和出料的流量，观察 T160 酯提纯塔单元显示仪表及调节器的表中哪些参数发生了变化，它们变化的原因，从中可以得出什么结论。

3. 描述酯提纯单元工作过程

叙述酯提纯单元工艺流程并完成下面填空练习：

T150 的＿＿＿＿＿＿流出物送往酯提纯塔＿＿＿＿＿＿。在此，将＿＿＿＿＿＿进行进一步提纯，含有少量丙烯酸、丙烯酸甲酯的塔底物流经＿＿＿＿＿＿泵抽出，经流量调节器＿＿＿＿＿＿循环回＿＿＿＿＿＿继续分馏。作为丙烯酸甲酯成品则在塔顶馏出，经＿＿＿＿＿＿冷却进入丙烯酸甲酯产品塔塔顶回流罐＿＿＿＿＿＿中，由 P161A 抽出，一路经流量调节器＿＿＿＿＿＿作为＿＿＿＿＿＿塔顶回流返回 T160 塔，另一路出装置至丙烯酸甲酯成品罐。

4. 关键参数

T160 酯提纯单元工艺参数见表 3-54。

表 3-54 T160 酯提纯单元工艺参数

位号		单位	数值指标	备注
流量	FIC149	kg/h	952	LPS 至 E161
	FIC150	kg/h	3286.66	V161 至 T160 回流
	FIC151	kg/h	64.05	T160 至 T110
	FIC153	kg/h	2191.08	T160 至 MA
温度	TI151	℃	38	T160 塔顶温度
	TI150	℃	40	T160 第 15 块塔板温度
	TIC148	℃	45	T160 第 5 块塔板温度
	TI152	℃	64	再沸器 E161 至 T160 温度
	TI147	℃	56	T160 塔釜温度
压力	PI130	kPa（A）	21.30	T160 塔顶压力
	PI131	kPa（A）	26.70	T160 塔釜压力
	PIC133	kPa（A）	20.70	V161 压力
液位	LIC125	%	50	T160 液位
	LIC126	%	50	V161 液位

表 3-55 为联锁说明。

表 3-55 联锁说明

序号	序号	联锁说明	备注
1	MOS101	触发条件：PI103＞151.2kPa（A） 引发动作：XV103 关 FV107 关	紧急停车按钮：ES101 复位按钮：RS101
2	MOS102	触发条件：PI110＞151.2kPa（A） 引发动作：XV104 关 FV119 关	紧急停车按钮：ES101 复位按钮：RS101
3	MOS103	触发条件：PI120＞151.2kPa（A） 引发动作：XV106 关 FV134 关	紧急停车按钮：ES102 复位按钮：RS102
4	MOS104	触发条件：PI126＞151.2kPa（A） 引发动作：XV107 关 FV140 关	紧急停车按钮：ES103 复位按钮：RS103
5	MOS105	触发条件：PI131＞151.2kPa（A） 引发动作：XV108 关 FV149 关	紧急停车按钮：ES104 复位按钮：RS104

5. T160 质量步骤分（以冷态开车为例）

控制 TIC148 温度 45℃。

控制 LIC125 液位在 50%。

控制 FIC151 流量稳定在 64.04kg/h。

控制 FIC150 流量稳定在 3286.67kg/h。

控制 LIC126 液位在 50%。

控制 FIC153 流量稳定在 2191.08kg/h。

6. 扣分项

失误扣分：T160 塔釜液位过高；

V161 液位过高。

👉 思考与练习

1. 找出实训现场 T160 设备进出物料主辅管线。
2. T160 液位如何控制？
3. V161 液位如何控制？

任务五　丙烯酸甲酯工艺仿真实训

👉 任务描述

能按照正确的开车步骤开车，调节各参数到指定值；能按正常的停车步骤停车，检查停车后各设备、阀门的状态，确认后做好记录；能处理紧急事故；熟悉反应过程，能对反应各阶段作出及时调节和控制，定时巡查各工艺参数和生产指标并做好记录，定时巡查各动、静设备的运行状况并做好记录。

一、丙烯酸甲酯生产开车操作

（一）准备工作

1. 启动真空系统

① 打开压力控制阀 PV109 及其前后阀 VD201、VD202，给 T110 系统抽真空。

② 打开压力控制阀 PV123 及其前后阀 VD517、VD518，给 T140 系统抽真空。

③ 打开压力控制阀 PV128 及其前后阀 VD617、VD618，给 T150 系统抽真空。

④ 打开压力控制阀 PV133 及其前后阀 VD722、VD723，给 T160 系统抽真空。

⑤ 打开阀 VD205、VD305、VD504、VD607、VD701，分别给 T110、E114、T140、T150、T160 投用阻聚剂空气。

2. V161、T160 脱水

① 打开 VD711 阀，向 V161 内引产品 MA。

② 待 V161 达到一定液位后，启动 P161A；打开控制阀 FV150 及其前后阀 VD718、VD719，向 T160 引 MA。

③ 待 T160 底部有一定液位后，关闭控制阀 FV150。

④ 关闭 MA 进料阀 VD711。

流程：V161→P161A/B→T160

3. T130、T140 建立水循环

① 打开 V130 顶部手阀 V402，引 FCW 到 V130。

② 待 V130 达到一定液位后，启动 P130A；打开控制阀 FV129 及其前后阀 VD410、VD411，将水引入 T130。

流程：V130→P130A/B→FV129→T130

③ 打开 T130 顶部排气阀 VD401，并通过排气阀观察 T130 是否装满水。

④ 待 T130 装满水后，关闭排气阀 VD401；同时打开控制阀 LV110 及其前后阀 VD408、VD409，向 V140 注水；打开控制阀 PV117 及其前后阀 VD402、VD403，同时打开阀 VD406，将 T130 顶部物流排至不合格罐，控制 T130 绝对压力为 301kPa。

流程：T130→LV110→V140

⑤ 待 V140 有一定液位后，启动 P142A；打开控制阀 FV131 及其前后阀 VD509、VD510，向 T140 引水。

⑥ 打开阀 V502，给 E142 投冷却水。

⑦ 待 T140 液位达到 50% 后，打开蒸汽阀 XV106；同时打开控制阀 FV134 及其前后阀 VD502、VD503，给 E141 通蒸汽。

⑧ 打开阀 V501，给 E144 投冷却水。

⑨ 启动 P140A；打开控制阀 LV115 及其前后阀 VD515、VD516，使 T140 底部液体经 E140、E144 排放到 V130。

流程：T140 → E140 → E144 → V130 → P130A/B → FV129
　　　　↓　　　　　　　　　　　　　　　　　　　↓
　　　FV131 ← E140 ← P142A/B ← V140 ← LV110 ← T130

⑩ 待 V141 达到一定液位后，启动 P141A；打开控制阀 FV135 及其前后阀 VD511、VD512，向 T140 打回流；打开控制阀 FV137 及其前后阀 VD513、VD514；同时打开阀 VD507，将多余水引至不合格罐。

流程：V141→P141A/B→FV135→T140

（二）R101 引粗液，并循环升温

① R101 进料前去伴热系统投用 R101 系统伴热。

② 打开控制阀 FV106 及其前后阀 VD101、VD102，向 R101 引入粗液；打开 R101 顶部排气阀 VD117 排气。

③ 待 R101 装满粗液后，关闭排气阀 VD117，打开 VD119；同时打开控制阀 PV101 及其前后阀 VD124、VD125，将粗液排出；调节 PV101 的开度，控制 R101 绝对压力为 301kPa。

流程：MAOFF→FV106→E101→PV101→MAOFF

④ 待粗液循环均匀后，打开控制阀 TV101 及其前后阀 VD122、VD123，向 E-301 供给蒸汽；调节 TV101 的开度，控制反应器入口温度为 75℃。

（三）启动 T110 系统

① 打开阀 VD225、VD224，向 T110、V111 加入阻聚剂。

② 打开阀 V203、V401，分别给 E112、E130 投冷却水。

③ T110 进料前去伴热系统投用 T110 系统伴热。

④ 待 R101 出口温度、压力稳定后，打开去 T110 手阀 VD118，将粗液引入 T110；同时关闭手阀 VD119。

流程：R101→PV101→T110

⑤ 待 T110 液位达到 50% 后，启动 P110A；打开 FL101A 前后阀 VD111、VD113；打开控制阀 FV109 及其前后阀 VD115、VD116；同时打开 VD109，将 T110 底部物料经

FL101 排出。

⑥ 投用 E114 系统伴热。

⑦ 待 T110 液位达到 50% 后，打开阀 XV103；同时打开控制阀 FV107 及其前后阀 VD214、VD215，启动系统再沸器。

⑧ 待 V111 水相达到一定液位后，启动泵 P112A；打开控制阀 FV117 及其前后阀 VD216、VD217；打开阀 VD218、打开阀 VD213，将水排出，控制水相液位。

流程：V111→P112A/B→FV117→MAOFF

⑨ 待 V111 油相液位 LIC103 达到一定液位后，启动 P111A。打开控制阀 FV112 及其前后阀 VD208、VD209，给 T110 打回流；打开控制阀 FV113 及其前后阀 VD210、VD211，将部分液体排出。

流程：V111→P111A/B┬FV112→T110
　　　　　　　　　└FV113→MAOFF

⑩ 待 T110 液位稳定后，打开控制阀 FV110 及其前后阀 VD206、VD207，将 T110 底部物料引至 E114。

流程：T110→FV110→E114

⑪ 待 E114 达到一定液位后，启动 P114A；打开阀 V301，向 E114 打循环。

⑫ 待 E114 液位稳定后，打开控制阀 FV122 及其前后阀 VD311、VD312；同时打开 VD310，将物料排出。

⑬ 按 UT114 按钮，启动 E114 转子。

⑭ 打开阀 XV104，同时打开控制阀 FV119 及其前后阀 VD316、VD317，向 E114 通入蒸汽 LP5S。

(四) 反应器进原料

① 打开手阀 VD105，打开控制阀 FV104 及其前后阀 VD120、VD121，新鲜原料进料流量为正常量的 80%，调节控制阀 FV104 的开度，控制流量为 595.8kg/h。

② 打开控制阀 FV101 及其前后阀 VD103、VD104，新鲜原料进料流量为正常量的 80%，调节控制阀 FV101 的开度，控制流量为 1473kg/h。

③ 关闭控制阀 FV106 及其前后阀，停止进粗液。

④ 打开阀 VD108，将 T110 底部物料打入 R101；同时关闭阀 VD109。

(五) T130、T140 进料

① 打开手阀 VD519，向 T140 输送阻聚剂。

② 关闭阀 VD213、打开阀 VD212，由至不合格罐改至 T130。

流程：V111┬P111A/B→FV113─┐
　　　　　└P112A/B→FV117─┴E130→T130

③ 控制 V401 开度，调节 T130 温度为 25℃。

④ 待 T140 稳定后，关闭 V141 去不合格罐手阀 VD507；打开 VD508，将物流引向 R101。

流程：V141→P141A┬FV135→T140
　　　　　　　　└FV134→R101

(六) 启动 T150

① 打开手阀 VD620、VD619，向 T150、V151 供阻聚剂。
② 打开 E152 冷却水阀 VD601，E152 投用。
③ 打开 VD405，将 T130 顶部物料改至 T150；同时关闭去不合格罐手阀 VD406。
④ 投用 T150 蒸汽伴热系统。
⑤ 当 T150 底部有一定液位后，启动 P150A；打开控制阀 FV141 及其前后阀 VD605、VD606；打开手阀 VD615，将 T150 底部物料排放至不合格罐，控制好塔液面。
⑥ 打开阀 XV107、打开控制阀 FV140 及其前后阀 VD622、VD621，给 E151 引蒸汽。
⑦ 待 V151 有液位后，启动 P151A；打开控制阀 FV142 及其前后阀 VD602、VD603，给 T150 打回流。
⑧ T150 操作稳定后，打开阀 VD613，同时关闭阀 VD614，将 V151 物料从不合格罐改至 T130。
⑨ 打开控制阀 FV144 及其前后阀 VD609、VD610；打开阀 VD614，将部分物料排至不合格罐。

流程：V151→P151A→FV142→T150
　　　　　　　　└→FV144→MAOFF

⑩ 待 V151 水包出现界位后，打开 FV145 及其前后阀 VD611、VD612，向 V140 切水。调节 FV145 的开度，保持界位正常。

流程：V151→FV145→V140

⑪ 待 T150 操作稳定后，打开阀 VD613；同时关闭 VD614，将 V151 物料从不合格罐改至 T130。调节 FV144 的开度，控制 V151 液位为 50%。
⑫ 关闭阀 VD615，同时打开阀 VD616，将 T150 底部物料由至不合格罐改去 T160 进料。调节 FV141 的开度，控制 T150 液位为 50%。

(七) 启动 T160

① 打开手阀 VD710、VD709，向 T160、V161 供阻聚剂。
② 打开阀 V701，E162 冷却器投用。
③ 投用 T160 蒸汽伴热系统。
④ 待 T160 有一定的液位，启动 P160A；打开控制阀 FV151 及其前后阀 VD716、VD717；同时打开 VD707，将 T160 塔底物料送至不合格罐。
⑤ 打开阀 XV108，打开控制阀 FV149 及其前后阀 VD702、VD703，向 E161 引蒸汽。
⑥ 待 V161 有液位后，启动回流泵 P161A；打开塔顶回流控制阀 FV150 及其前后阀 VD718、VD719 打回流。
⑦ 打开控制阀 FV153 及其前后阀 VD720、VD721；打开阀 VD714，将 V161 物料送至不合格罐。调节 FV153 的开度，保持 V161 液位为 50%。
⑧ T160 操作稳定后，关闭阀 VD707；同时打开阀 VD708，将 T160 底部物料由至不合格罐改至 T110。
⑨ 关闭阀 VD714，同时打开阀 VD713，将合格产品由至不合格罐改至日罐。

(八) 提负荷，质量评定

调整控制阀 FV101 开度，把 AA 负荷提高至 1841.36kg/h；调整控制阀 FV104 开度，把甲醇负荷提高至 744.75kg/h；控制 FIC109 流量在 3037.3kg/h；控制 LIC103 液位稳定在 50％；控制 FIC113 流量稳定在 1962.79kg/h；控制 LIC104 液位在 50％；控制 FIC117 流量稳定在 1400kg/h；控制 LIC101 液位在 50％；控制 FIC110 流量稳定在 1518.76kg/h；控制 FIC112 流量稳定在 6746.34kg/h；控制 TIC108 温度为 80℃；控制 TIC115 温度为 120.5℃；控制 LIC106 液位在 50％；控制 FIC122 流量稳定在 74.24kg/h；控制 FIC129 流量稳定在 4144.91kg/h；控制 LIC111 液位在 50％；控制 FIC131 流量稳定在 5371.93kg/h；控制 LIC115 液位在 50％；控制 TIC133 温度为 81℃；控制 LIC117 液位在 50％；控制 FIC137 流量稳定在 779.16kg/h；控制 FIC135 流量稳定在 2210.8kg/h；控制 TIC140 温度为 70℃；控制 LIC119 液位在 50％；控制 FIC141 流量稳定在 2194.77kg/h；控制 FIC142 流量稳定在 2026.01kg/h；控制 LIC123 液位在 50％；控制 FIC145 流量稳定在 44.29kg/h；控制 LIC121 液位在 50％；控制 FIC144 流量稳定在 1241.50kg/h；控制 TIC148 温度 45℃；控制 LIC125 液位在 50％；控制 FIC151 流量稳定在 64.04kg/h；控制 FIC150 流量稳定在 3286.67kg/h；控制 LIC126 液位在 50％；控制 FIC153 流量稳定在 191.08kg/h。

二、丙烯酸甲酯生产停车操作

（一）停止供给原料

① 关闭控制阀 FV101 及其前后阀 VD103、VD104；关闭控制阀 FV104 及其前后阀 VD120、VD121。

② 关闭 TV101 及其前后阀 VD122、VD123，停止向 E101 供蒸汽。

③ 关闭手阀 VD713；同时打开阀 VD714，D161 产品由日罐切换至不合格罐。

④ 关闭阀 VD108，停止 T110 底部到 E101 循环的 AA；打开阀 VD109，将 T110 底部物料改去不合格罐。

⑤ 关闭阀 VD508，停从 T140 顶部到 E101 循环的醇；打开阀 VD507，将 T140 顶部物料改去不合格罐。

⑥ 关闭 VD118；同时打开阀 VD119，将 R101 出口由去 T110 改去不合格罐。

⑦ 去伴热系统，停 R101 伴热。

⑧ 当反应器温度降至 40℃，关闭阀 VD119；打开阀 VD110，将 R101 内的物料排出，直到 R101 排空。

⑨ 并打开 VD117，泄压。

（二）停 T110 系统

① 关闭阀 VD224，即停止向 V111 供阻聚剂；关闭阀 VD225，即停止向 T110 供阻聚剂。

② 关闭阀 VD708，停止 T160 底物料到 T110；打开阀 VD707，将 T160 底部物料改去不合格罐。

③ 缓慢减小阀 FV107 的开度，直至关闭阀 FV107，即缓慢停止向 E111 供给蒸汽。

④ 去伴热系统，停 T110 蒸汽伴热。

⑤ 关闭阀 VD212；同时打开阀 VD213，将 V111 出口物料切至不合格罐，同时适当调整 FV129 开度，保证 T130 的进料量。

⑥ 待 V111 水相全部排出后，停 P112A；关闭控制阀 FV117 及其前后阀。

⑦ 关闭控制阀 FV110 及其前后阀，停止向 E114 供物料。

⑧ 关闭阀 V301，停止 E114 自身循环。
⑨ 关闭控制阀 FV119 及其前后阀，停止向 E114 供给蒸汽。
⑩ 停止 E114 的转子。
⑪ 关闭阀 VD309；打开阀 VD310，将 E114 底部物料改至不合格罐。
⑫ 将 V111 油相全部排至 T110，停 P111A；将 P111A 出口（V111 油相侧物料）到 E130 阀 FV113 关闭。
⑬ 打开阀 VD203，将 T110 底物料排放出；待 T110 底物料排尽后，停止 P110A。
⑭ 打开阀 VD306，将 E114 底物料排放出；待 E114 底物料排尽后，停止 P114A。

（三）T150 和 T160 停车

① 关闭阀 VD619，即停止向 V151 供阻聚剂；关闭阀 VD709，即停止向 V161 供阻聚剂；

关闭阀 VD620，即停止向 T150 供阻聚剂；关闭阀 VD710，即停止向 T160 供阻聚剂。

② 停 T150 进料，关闭进料阀 VD405；同时打开阀 VD406，将 T130 出口物料排至不合格罐。

③ 停 T160 进料，关闭进料阀 VD616；同时打开阀 VD615，将 T150 出口物料排至不合格罐。

④ 关闭阀 VD613；打开阀 VD614，将 V151 油相改至不合格罐。

⑤ 关闭控制阀 FV140 及其前后阀，停向 E151 供给蒸汽；同时停 T150 蒸汽伴热。

⑥ 关闭控制阀 FV149 及其前后阀，停向 E161 供给蒸汽；同时停 T160 的蒸汽伴热。

⑦ 待回流罐 V151 的物料全部排至 T150 后，停 P151A；待回流罐 V161 的物料全部排至 T160 后，停 P161A。

⑧ 打开阀 VD608，将 T150 底物料排放出；T160 底部物料排空后，停 P160A。

（四）T130 和 T140 停车

① 关闭阀 VD519，即停止向 T140 供阻聚剂。

② 当 T130 顶油相全部排出后，关闭控制阀 FV129 及其前后阀，停 T130 萃取水，T130 内的水经 V140 全部去 T140。

③ 关闭控制阀 PV117。

④ 关闭控制阀 FV134 及其前后阀，停向 E141 供给蒸汽。

⑤ 当 T140 内的物料冷却到 40℃ 以下，打开 VD501 排液。

⑥ 打开阀 VD407，给 T130 排液。

（五）T110、T140、T150、T160 系统打破真空

① 关闭控制阀 FV109 及其前后阀；关闭控制阀 FV123 及其前后阀；关闭控制阀 FV128 及其前后阀；关闭控制阀 FV133 及其前后阀。

② 关闭阀 VD205、VD305、VD504、VD607、VD701，T110、E114、T140、T150、T160 停止供应阻聚剂空气。

③ 打开阀 VD204、VD505、VD601、VD704，向 V111、V141、V151、V161 充入 LN。

④ 直至 T110、T140、T150、T160 系统达到常压状态，关闭阀 VD204、VD505、VD601、VD704，停 LN。

三、紧急事故处理

1. 装置长时间停电

(1) 事故现象　装置照明熄灭，转动设备停止。
(2) 事故原因　错误的电器作业，大机组启动，供电系统故障。
(3) 处理方法
① 去蒸汽伴热系统停 E114、T150、T160 系统伴热；
② 去现场关闭所有的在用泵及其前后阀；
③ 将 E114 搅拌器开关 MD101 关闭；
④ 关闭控制阀 PV109、PV123、PV128、PV133，停止抽真空；
⑤ 关闭所有阻聚剂及阻聚剂空气入口手阀。

2. 停仪表风
(1) 事故现象　控制阀不能自动调节，部分控制阀处于全关状态、部分控制阀处于全开状态。
(2) 事故原因　空压站供风系统故障。
(3) 处理方法
① 将 E114 搅拌器开关 MD101 关闭；
② 打开 VD714，将 V161 出口物料排至不合格罐，关闭 VD713；
③ 关闭 FV101，停止 AA 进料，关闭 FV104，停止 MEOH 进料；
④ 关闭蒸汽加热控制阀 TV101、FV107、FV119、FV134、FV140、FV149，停止所有设备的蒸汽加热；
⑤ 然后按正常停车处理。

3. 装置停蒸汽
(1) 事故现象　各设备温度下降，塔顶汽化量降低，塔釜液位上升
(2) 事故原因
① 锅炉水处理出故障；
② 自发蒸汽系统管线破裂；
③ 自发蒸汽系统热油泵跳闸或抽空造成热源中断。
(3) 处理方法
① 将 E114 搅拌器开关 MD101 关闭；
② 打开 VD714，将 V161 出口物料排至不合格罐，关闭 VD713；
③ 关闭 FV101，停止 AA 进料，关闭 FV104，停止 MEOH 进料；
④ 关闭蒸汽加热控制阀 TV101、FV107、FV119、FV134、FV140、FV149，停止所有设备的蒸汽加热；
⑤ 然后按正常停车处理。

4. 原料中断
(1) 事故现象
① 原料 AA 的流量为零；
② 其他物料流量波动；
③ R101 反应器压力波动；
④ 反应器温度升高。
(2) 事故原因
① 原料中断；

② AA 进料管线阀门 FV101 开度过小；
③ 控制阀 FV101 失灵。
(3) 处理方法
① 联系调度，尽快恢复原料供应；
② 检查控制阀 FV101 开度及前后阀开关状态，调节正常；
③ 关闭控制阀 FV101 及其前后阀，打开 FV101 旁路阀，并将压力、温度、液位等调节至正常。

5. T110 塔压增大
(1) 事故现象
① T110 塔压上升；
② 流量、液位变化。
(2) 事故原因
① 真空系统故障；
② 抽真空管线阀门 PV109 开度过小；
③ 控制阀 PV109 失灵。
(3) 处理方法
① 联系维修人员，排除真空系统故障；
② 检查控制阀 PV109 开度及前后阀开关状态，调节正常；
③ 关闭控制阀 PV109 及其前后阀，打开 PV109 旁路阀，并将压力、温度、液位等调节至正常。

6. 原料供应不足
(1) 事故现象
① 原料 MEOH 的流量减小；
② 其他物料流量波动；
③ R101 反应器压力波动；
④ 反应器温度升高。
(2) 事故原因
① MEOH 进料管线阀门 FV104 开度过小；
② 控制阀 FV104 失灵。
(3) 处理方法
① 检查控制阀 FV104 开度，调节正常；
② 关闭控制阀 FV104 及其前后阀，打开 FV104 旁路阀，并将压力、温度、液位等调节至正常。

7. T140 塔底再沸器 E140 坏
(1) 事故现象　T140 塔内温度持续下降，塔顶汽化量降低，塔釜液位上升，引起回流罐 V141 液位降低。
(2) 事故原因　T140 塔底再沸器 E140 坏。
(3) 处理方法　按停车步骤快速停车，然后检查维修换热器。

8. 塔 T160 回流罐 V161 漏液
(1) 事故现象　V161 内液位迅速降低。

(2) 事故原因　回流罐 V161 漏液。
(3) 处理方法　按停车步骤快速停车，然后检查维修回流罐。

四、操作界面

图 3-20～图 3-35 为 DCS 图及 FIELD（现场）图。

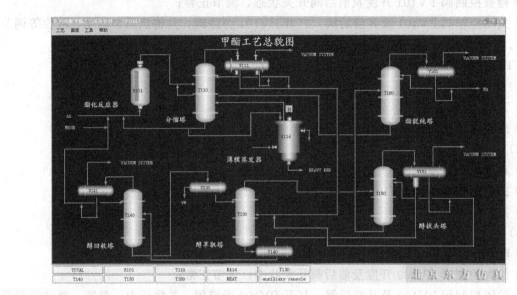

图 3-20　丙烯酸甲酯生产工艺总貌

1. 丙烯酸甲酯生产工艺总貌图
2. DCS 界面
(1) R101DCS

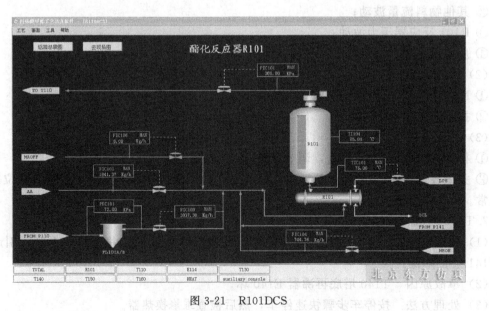

图 3-21　R101DCS

(2) T110DCS

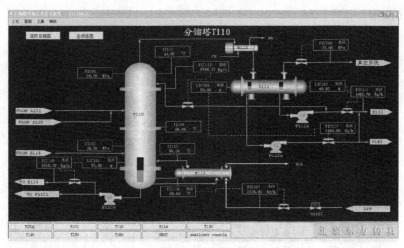

图 3-22 T110DCS

(3) E114DCS

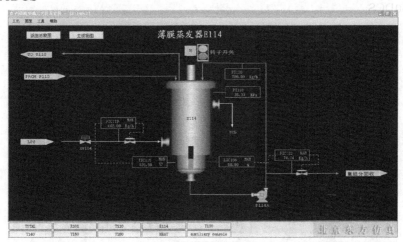

图 3-23 E114DCS

(4) T130DCS

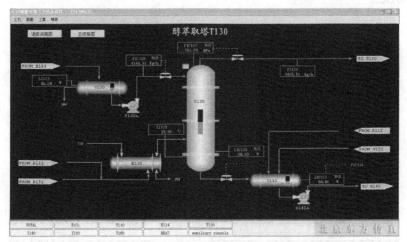

图 3-24 T130DCS

(5) T140DCS

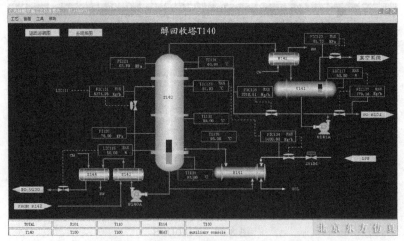

图 3-25 T140DCS

(6) T150DCS

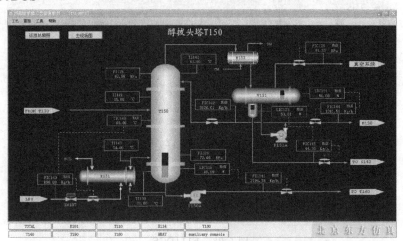

图 3-26 T150DCS

(7) T160DCS

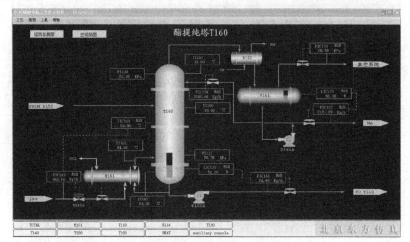

图 3-27 T160DCS

3. FIELD 界面

(1) R101FIELD

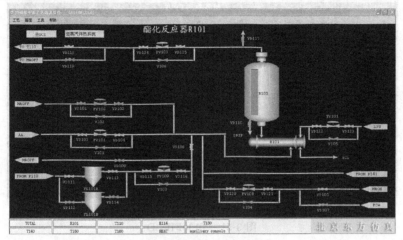

图 3-28　R101FIELD

(2) T110FIELD

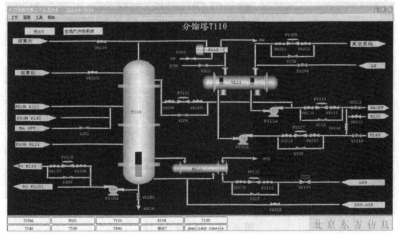

图 3-29　T110FIELD

(3) E114FIELD

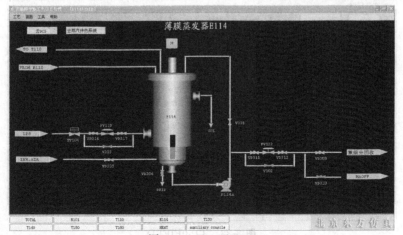

图 3-30　E114FIELD

(4) T130FIELD

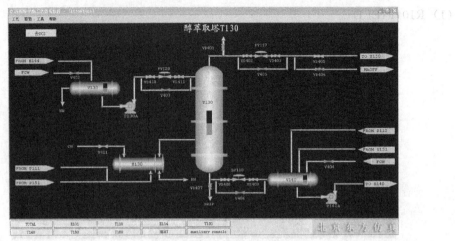

图 3-31 T130FIELD

(5) T140FIELD

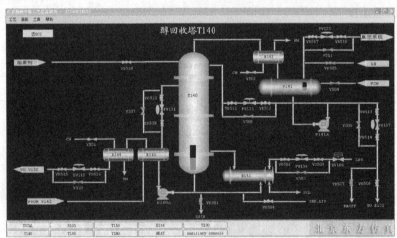

图 3-32 T140FIELD

(6) T150FIELD

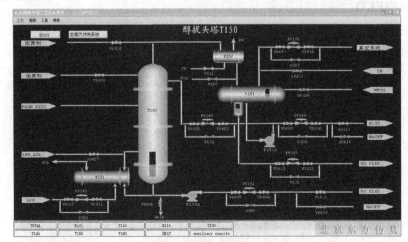

图 3-33 T150FIELD

(7) T160FIELD

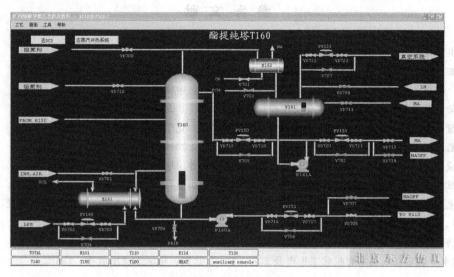

图 3-34 T160FIELD

4. 伴热系统图

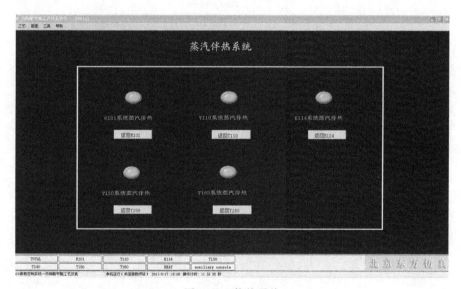

图 3-35 伴热系统

参 考 文 献

[1] 田铁牛. 化学工艺 [M]. 北京：化学工业出版社，2007.
[2] 陈本如. 化工生产工艺 [M]. 北京：化学工业出版社，2009.
[3] 王静，胡平久. 氯碱与聚氯乙烯生产技术 [M]. 北京：中国石化出版社，2012.
[4] 王世荣，耿殿国，张善民. 无机化工生产操作技术 [M]. 北京：化学工业出版社，2011.
[5] 马长捷，刘振河. 有机产品生产运行控制 [M]. 北京：化学工业出版社，2011.
[6] 李相彪. 氯碱生产技术 [M]. 北京：化学工业出版社，2010.
[7] 陶子斌. 丙烯酸生产与应用技术 [M]. 北京：化学工业出版社，2006.
[8] 钱柏章. 石油和天然气技术与应用 [M]. 北京：科学出版社，2010.
[9] 中国化工教育协会. 全国中等职业教育化学工艺专业教学标准 [M]. 北京：化学工业出版社，2007.
[10] 吴健. 化工 DCS 技术与操作 [M]. 北京：化学工业出版社，2012.
[11] 朱宝轩. 化工安全技术概论. 第 2 版 [M]. 北京：化学工业出版社，2004.
[12] 陈性永，姚贵汉. 基本有机化工生产及工艺 [M]. 北京：化学工业出版社，1985.